欧美数学经典著作译丛

Objets Mathématiques

# 数学艺术品

周明萱　苗茗茗　曹曰香　吴帆　黄莹　辜涛　郭潇　译

〔法〕亨利·庞加莱研究院　著

HITP
哈尔滨工业大学出版社
HARBIN INSTITUTE OF TECHNOLOGY PRESS

# 黑版贸审字 08－2020－057 号

Originally published in France as：

Objets mathématiques by Institut Henri Poincare

© CNRS Éditions，2017

Current Chinese translation rights arranged through Divas International，Paris 巴黎迪法国际版权代理(www.divas-books.com)

**图书在版编目(CIP)数据**

数学艺术品/亨利·庞加莱研究院著;周明萱等译.
—哈尔滨:哈尔滨工业大学出版社,2023.9
ISBN 978 - 7 - 5767 - 0865 - 3

Ⅰ.①数… Ⅱ.①亨…②周… Ⅲ.①数学-普及读物 Ⅳ.①O1-49

中国国家版本馆 CIP 数据核字(2023)第 101754 号

SHUXUE YISHUPIN

| | |
|---|---|
| 策划编辑 | 刘培杰 张永芹 |
| 责任编辑 | 聂兆慈 |
| 封面设计 | 孙茵艾 |
| 出版发行 | 哈尔滨工业大学出版社 |
| 社 址 | 哈尔滨市南岗区复华四道街 10 号 邮编 150006 |
| 传 真 | 0451－86414749 |
| 网 址 | http://hitpress.hit.edu.cn |
| 印 刷 | 哈尔滨博奇印刷有限公司 |
| 开 本 | 787 mm×1 092 mm 1/16 印张 11.75 字数 234 千字 |
| 版 次 | 2023 年 9 月第 1 版 2023 年 9 月第 1 次印刷 |
| 书 号 | ISBN 978 - 7 - 5767 - 0865 - 3 |
| 定 价 | 96.00 元 |

(如因印装质量问题影响阅读,我社负责调换)

# 序言

# 边缘之物

塞德里克·维拉尼
(Cédric Villani)

让－菲利普·乌桑(Jean-Philippe Uzan)

不管人们是出于必要还是偶然,是为参观展览或简单地满足好奇心,当他们第一次经过亨利·庞加莱研究所(Institut Henri Poincaré)图书馆的大门时,总是会被陈列柜里展示的奇形怪状的抽象雕塑所震撼。八十年前,这些抽象雕塑让超现实主义艺术家叹为观止。这些通常被称为数学模型的雕塑由木材、石膏、金属或可拉伸的丝线制成,具有各种形状和质地。

为什么这些有形的雕塑会成为一个专门研究抽象事物研究所的研究中心? 说实话,虽然有人欣赏这些无生命的物体,但是绝大多数的人都习惯了他们的存在,却无法描述它们。做工和标签上的文字都表明:这些艺术品大致可以追溯至 19 世纪末或 20 世纪初。在那个时代,画法几何(géométrie descriptive)旨在表现空间图形,并用于建筑和工业设计。图画几何的发展是雕塑制作的动机之一。弗朗索瓦·阿佩里(François Apéry)引导我们关注这个拥有 600 多个模型宝库的历史。这段宝库的历史最早可追溯至索邦大学的数学陈列馆的创建,一直延续到新艺术品的引进,比如十多年前匈牙利的一个重要发现——冈布茨(Gömböc)。

随着时间的推移,我们对数学收藏品的兴趣随着对文物兴趣的增加而增加。这个系列包含了约瑟夫·卡隆(Joseph Caron)设计的一套独特的模型,灵感来自于伟大的数学家加斯东·达布(Gaston Darboux),我们的一个阶梯教室就是以他的名字命名的。

"这是做什么用的?"经典的数学问题也适用于这些模型。弗雷德里克·布雷琛马赫(Frédéric Brechenmacher)分析了他们在教学中以及在关于某些曲面存在性辩论中的作用。仅仅给出一个方程就足以让曲面存在吗?还是必须能够用物质构造它?这场数学辩论触及了几何学的基本原理,并与关于太阳系结构的讨论相呼应,从哥白尼提出日心说到 20 世纪,太阳系结构一直是天文学的推动力。

"这个表面的等式方程是什么?"这是另一个在图书馆经常听到的问题。有时需要大量的工作才能得到等式方程,"垂直于表面直线上三个等距的点在三个矩形平面内移动"——这个定义似乎是一个谜语或笑话,而这仅仅是数百个示例中的一个!

多种模型在同一结构的各种表示之间建立了联系。我们在学校都用圆规画过一个圆,后来我们知道这个圆是与给定点等距的点的轨迹。然后我们将它与一个等式方程联系起来,对于半径为 $R$ 的圆,方程为 $x^2 + y^2 = R^2$。这个圆可以是一个图形、一种几何属性、一个方程、……,以及许多其他的东西,这种叠加图像的多样性在研究中是必要的。每个研究人员在他的大脑中都有实体的呈现和抽象的理论,并将它们与个人心理图像联系起来,这种个人心理图像可以像真实对象一样被操纵并服务于直觉。知识必须具体化才能有生命力,通常来说,"看待事物的方式"的对立面将是"破解"问题最富有成效的方式。因此,模型在这种传播中发挥了重要作用,模型能让抽象概念变得明显又直观。

这些艺术品处于精神世界和物质世界之间的边缘,它们是心灵的钥匙,构成了连接这两个世界之间的纽带。它们使人们能够通过视觉和触觉去更好地理解与直观感受相去甚远的概念,成为知识传播和教学的挑战之一。在这本书中,罗杰·曼苏伊(Roger Mansuy)将通过 Kuen Surface 的曲面形态演绎来向大家呈现这些数字艺术品的曲线概念,弗朗索瓦·勒(François Lê)将会揭秘隐藏在立方体艺术品表面的直线,奥雷利安·阿尔瓦雷斯(Aurélien Alvarez)则将引领大家沉浸在复数的宇宙中。

然后,我们便可在精神世界里翱翔,去观摩那些在普通的三维空间中未能见到的物体。艾琳·波罗-布兰科(Irène Polo-Blanco)将向我们演绎四维空间。弗朗索瓦·阿佩里走得更远:他就像一个魔术师一样由内及外地呈现球状艺术品的神秘,在拥有敏捷思维的他看来,没有什么是不可能的。

数字科学的发展为我们提供了新的可视化方法。计算机可以为我们展示曲面族,并能实时改变参数,从而使同一族中的各部分的联系更加动态化。利用计算机,我们也可以理解和揭示某些形态的变化和联系,尽管从表面上看,它们似乎是难以理解的;我们可以将摄影发展为影片,从骨架推演到进化论;我们可以成为方程式的"学徒",用近乎游戏的方式来模仿自然界。这就是安德烈亚斯·丹尼尔·马特(Andreas Daniel Matt)向我们证明的,即使是小勺子也有它的方程式。正如索尔·施莱默(Saul Schleimer)和亨利·塞格曼(Henry Segerman)所解释的那样,为了使数字化展示更加可触化,3D打印使我们能够与物理模型建立联系。

这些物理模型的收集宛如一个自然历史博物馆。我们可以从中认出一个动物的角、水晶、蜂巢和一些非洲项链。这并不奇怪,因为这些物体通常是基于生长现象的物理或化学过程的结果,是热量或物质交换的优化的产物。然而我们亦可将上述现象数学化。这些形式的出现揭示了潜在的数学结构,这也成为毕达哥拉斯(Pythagore),伽利略(Galilée)和达西·汤普森(D'Arcy Thompson)日后的研究兴趣。因此,大卫·E.罗伊(David E. Rowe)解释了四分位数在理解光的传播中的作用;丹尼斯·萨瓦(Denis Savoie)钻研阿波罗尼奥斯圆锥,揭示了圆锥在理解行星运动中的重要性;克莉斯汀-德扎尔诺·丹迪娜(Christine Dezarnaud Dandine)让我们回到童年的手工课,用硬纸板建造永恒的多面体。著名的柏拉图多面体被看作最规则的多面体(由五个正多面体组成),它从古至今都伴随着哲学的发展,直至开普勒(Kepler)提出天体运行定律前都影响着宇宙的和谐运行,并存在于我们对晶体的理解中。我们不禁会思考,数学仅仅是一种用以描绘世界的有效工具,还是编织现实的丝线?

然而,物理世界的形式并非是完美的,而是呈现着增长、磨损和变形的种种意外。表面上看起来,所有雄性黑斑羚的角一模一样,但由于这些意外,它们之间确有不同。模型也是如此,它充分正确地解释着数学的属性,却也存在偏误和缺损,因此提醒我们:在物理世界的不完美与数学世界的阿波罗式的完美之间存在着差距。

正因这些缺损,使得物质不只满足于一个完美的抽象概念,而是不懈地追寻完美。完美与不完美之间的这种平衡缔造了艺术维度和张力。数学模型因此激起人们的钦佩和惊叹。对于那些从未感受过的人，这些模型能够展现给他们一种数学家和物理学家在面对自己的某些理论或方程式时曾感受到的审美愉悦。他们中最感性的那些人，可以向人们引述拉马丁（Lamartine）的名言："无生命的物体呵，你是否有灵魂？它又是否依附于我们的灵魂和我们爱的力量呢？"无论我们是否知道它们意味着什么，这些物体依旧在对我们诉说着……

这使我们深受触动。非常巧合的是，这也触动了一些在我们研究所寻找灵感的伟大的艺术家们。他们通常在图书馆里会面。正如爱德华·塞布林（Edouard Sebline）和安德鲁·施特劳斯（Andrew Strauss）告诉我们的那样，曼·雷（Man Ray）和马克斯·恩斯特（Max Ernst）采用了他们自己的模式。教学对象、科学对象和艺术对象之间的界限在哪里？可能是出于对这个问题的宽容，我们的眼睛会被误导。因此，曼雷更喜欢一个没有任何数学假设的基底，而不是他所主张的抛物线循环。正如被艺术家们所尊崇的那样，基底长期以来一直被单独展示，充满神秘感……

许多其他艺术家试图为这些永恒的物体注入新的维度。伊娃·米吉尔迪希安（Eva Migirdicyan）带我们去见安托万·佩夫斯纳（Antoine Pevsner）和瑙姆·加伯（Naoum Gabo），拉斐尔·扎尔卡（Raphaël Zarka）和舍恩弗利斯（Schoenflies）一家。安娜·雷瓦科维奇（Anna Rewakowicz）提出了她对规则曲面的看法，让－马克·乔马兹（Jean-Marc Chomaz）揭示了最小曲面和气泡的最大体积。当修复它们时，修复时间的创伤，再次提出了关于它们的本质、艺术或数学地位的问题。弗雷德里克·文森特（Frédérique Vincent）就是这样进入某些模型的亲密关系的。她与我们分享了她对预防性保护的看法。随着运输的增加，模型们暴露在外的位置容易发生事故。

关于模型的读物很多。您可能喜欢数学、哲学、科学史、天文学、晶体学、建筑或艺术。这些意想不到的事物打开了现实和想象之间的裂缝，我们被这个裂缝深深地吸引。在这本书中我们能找到一个关乎这个裂缝的切入点，这使我们感到惊喜。没有任何一个读者，能理解一切，这很让人欣喜，因为神秘往往是诱人的。我们希望这能使您有兴趣参观我们的图书馆，您将沉醉于此。

# 目　录

# 藏　品　集

亨利·庞加莱研究所收藏了大约有 600 个模型,历时一个半世纪,主要来源有三个人:查尔斯·米雷莱（Charles Muret）、约瑟夫·卡隆(Caron)和布里尔－席林(Brill-Schilling)。这项事业在每个时代都受到技术进步的影响,叙述这项科学、教育和文化事业的一些突出特点,就是本书的目的。

弗朗索瓦·阿佩里
(François Apéry)

## 最初画法几何学

开始于 18 世纪末,加斯帕尔·蒙日(Gaspard Monge)是一个起点。他发明了画法几何学,即用两个平面正交投影来表示空间图形。更具体地说,一个平面被称为垂直,另一个平面被称为水平,你必须想象它们围绕一条称为"地面线"的水平线交接在一起,这样它们就会出现在一张纸上,其中一个点的两个投影在一条垂直于地面线的直线上。这张纸上画的两个投影和构造线构成了空间图形。

在古代几何学家绘制第一批图形之前,就已产生想要看到在脑海中想象出的构造的需求。从这个角度来看,画法几何学是一个高潮。这也是一个开始,因为如果触觉的需要导致了抽象成有形的模型的产生,在缺乏空间物体表示的几何理论来澄清的情况下,事实证明实际实现是有困难的。能够统一建筑师、木匠、石匠甚至艺术家使用的大量经验方法的理论,就是画法几何学。

一个经典的例子来自于立体切割:矩形框架中空心螺旋楼梯的楼梯基底尺寸。楼梯基底是支撑中心岩芯侧面台阶的支撑件,称为"日光柱"。楼梯被刻在一个长方形的圆柱体上,圆柱体的底部是"日光线"。理想情况下,行人沿着一条水平投影为椭圆的螺旋曲线爬上楼梯,称为"步道线"。行人将左手压在栏杆上,栏杆将日光柱物化,日光柱与步行者保持恒定的距离,日光线是一条平行于步道线的曲线。因此,它不是椭圆,而是椭圆展开的展开物。

从这里可以看出,栏杆是一条精细的曲线,尤其是楼梯基础部件被楼梯表面包围,如果没有精确的刀刃,切割将面临严重的困难。

## 米雷莱目录

正是本着这种精神,巴黎制造了石膏模型,用于教授艺术设计、工业设计、建筑设计、几何设计。1870 年,查尔斯·米雷莱的目录汇集了大约 600 件由利伯尔·巴尔丹(Libre Bardin)在 1860 年左右开始制造的石膏作品,除了专门用于建筑的物品外,还包括纯粹的几何模型,如多面体、二次曲面、四次圆纹曲面、螺旋面以及它们的各类组合。

正是这些数学模型引起了几何学家们的兴趣,在 1880 年左右被索邦(Sorbonne)收购并收藏在数学办公室(图 1)中。尽管存在动荡留下的创伤,它们仍然是构成《藏品集》的三个来源之一。

图 1　索邦数学办公室(1914 年前)

以米雷莱目录(图 2)中编号为 216 的模型为例,它显示了圆环体和球体的组合,并出现在《藏品集》中。

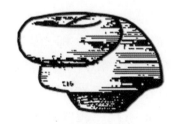

图 2　圆环体和球体沿两个圆相遇(米雷莱目录,1870 年)

　　球形部分实际上被简化为一个半球,在一个延伸成圆柱形的基底上。至于环面部分,它似乎像系留环一样嵌入柱子顶部。这是从建筑角度来看。从几何学角度来看,当环面和球体的尺寸和位置被选择为交点,分解为两个圆时,这个问题就有了不同的含义。这是伊冯·维拉尔索(Yvon Villarceau)的圆圈问题,它们都是球形的,在一个与圆环体相交的平面上。正是这一特性引起了几何学家们的兴趣,尤其是因为它被推广到迪潘(Dupin)四次圆纹曲面,圆环面的反演图形,因此四次圆纹曲面得以出现在米雷莱目录和《藏品集》一书中。此外,书中还提及了几个设计模型,以使伊冯·维拉尔索圆的这种特性在视觉上显而易见(图3)。

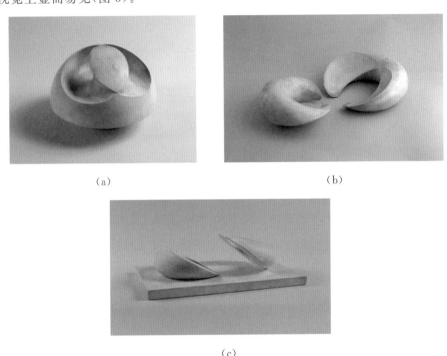

(a)　　　　　　　　　　　　　　(b)

(c)

图3　圆环体的拉伸球体,球体和圆环体的通用体积,球体到圆环
体的拉伸,圆环体通过一个双斜面切成两个相等的部分

　　有一个有趣的小谜团,发现于1948年的油画《十二夜》,不过现在已经被破解了[①]。在这幅画里我们可以看到《藏品集》中的一些模型,其中包括曼·雷1935年拍摄的照片。其中一个属于米雷莱目录,因此在这里很自然地集成在一起(图4(a))。

　　当我被要求解释这个奇怪的物体时,我不知该如何作答,感到十分羞愧。直到慕尼黑理工大学的馆长拥有同样的物体,他最后给出答案:这不是一个数学对象,而是两个抛

---

①　详情见格拉斯曼(Grossman)等人,2015年。

物线新月形环的支撑物(图 4(b))。曼·雷曾拆卸自行车拍了张照片,但可能没有把它们物归原位。80 年来从没有人再关注过这个问题。

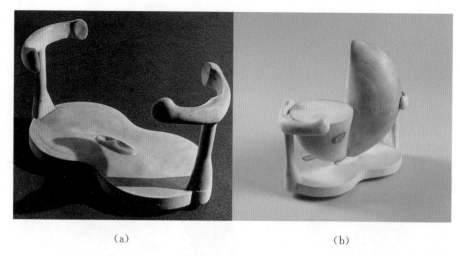

(a)                                                    (b)

图 4  1935 年曼·雷所拍的照片(左)和查尔斯·米雷莱收藏的支撑物及其圆纹曲面(右)

## 卡 隆 模 型

19 世纪末,约瑟夫·卡隆是画法几何学的大师之一。他曾就读于巴黎高等师范学院,在 1872 年担任平面设计总监之前,他曾在巴黎的几所高中教授画法几何学。这正是索邦数学办公室主任加斯东·达布在那里开始几何教学的确切时间。几何教学任务就是教授学生们图形。图 5 正是使年轻时的亨利·勒贝格(Henri Lebesgue)备受困扰的著名图形:[①]

那是在 1897 年,当时我还是埃科尔师范学院的三年级学生,我们的授课老师约瑟夫·卡隆给了我们一张非常难的图样,在这里提到他的名字我感到十分荣幸。这是两个环面的交点,为了找到交点的任何一点,这些曲面的截面通过一些双倾斜球体存在于每个曲面中。

索邦的藏品能够非常方便地利用具体的模型来解释结果,前提是这个模型是存在的。然而,从加斯东·达布的教学中提及约瑟夫·卡隆提出的图形是前所未有的。约瑟

---

①  亨利·勒贝格,1950 年。

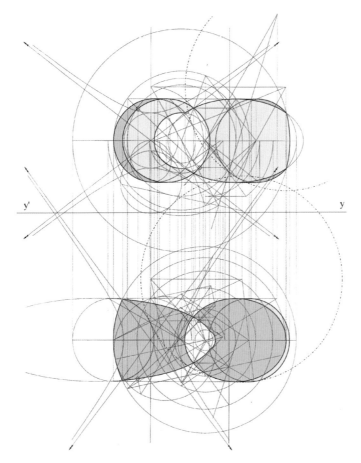

图 5　双环形数量拼接图。界线是 $yy'$，体积的边缘是不同的颜色，取决于
位于两个圆环中的哪一个（约瑟夫·卡隆，高等师范学院，1897 年）

夫·卡隆从 20 世纪初开始制作模型[①]，一直到 1915 年初才得以完成。这些超过 100 件木制、硬纸板或铁丝制成的物品是《藏品集》的第二大来源。

首先是 1912 年的纸板模型（图 6）。可以参考球面几何定理：

给定球体上的三个圆，最多有八个圆与它们相切。

这个模型说明了达到最大值的情况。每个圆都位于球体与圆锥体的交点处，圆锥体的顶点位于球体的中心。因此，模型由十一个不同颜色的圆锥组成，至少在最初是这样的。

---

① 《1902 年改革的作用》，见弗雷德里克·布雷琛马赫在原版书第 32 页的文章。

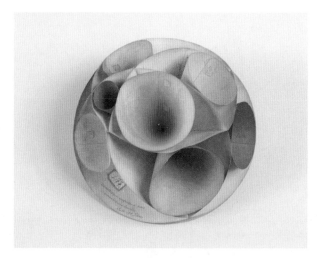

图 6　球体上八个与三个圆相切的圆

约瑟夫·卡隆并没有满足于这个纸板模型,它看起来像是一个线条模型或圆锥体的草图。《藏品集》一书包括三种不同的模型,或者通过在接触点处焊接来保持八个与三个余弦圆相切的圆(图 7)。

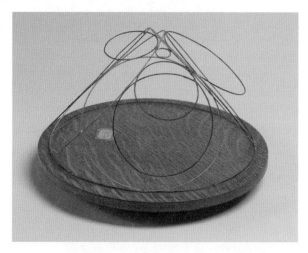

图 7　球面上的三个圆及其八个相切圆的配置

大约在 1913 年建立了一系列四阶代数曲面模型。其中包括德国收藏品中已经存在的曲面,尤其是库默尔(Kummer)的曲面。但也有原始对象,如以下 4 个曲面。第一个假设有 9 个实对偶点,方程为:

$$y^4 + y^2(2x^2 + 12x - z^2 + 4) + x^4 - 4x^3 - x^2(z^2 - 4) + z^4/2 + 5z^2 - 1 = 0$$

然后,我们发现了四阶曲面的方程为(图 8):

$$y^4 + y^2(2x^2 + 3x + 2z^2 + z) + x^4 - x^3 - x^2(2z^2 + z) + z(z - 1)^3 = 0$$

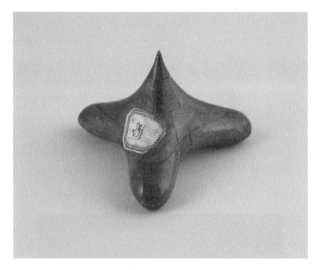

图 8　四维尖端曲面（约瑟夫・卡隆,1913 年）

　　此外,还有一个谜团是由另一张在 IHP 拍摄的照片提出的（图 9）。这里有两个木制模型,其中只有左边的模型被保存下来,右边的那个不见了。

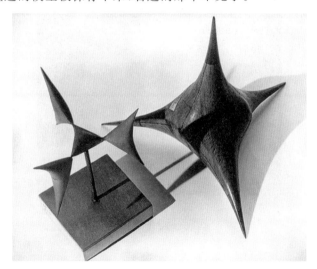

图 9　基于 1935 年曼・雷照片的两个卡隆模型

　　1950 年梅拉德（Maillard）和保罗・贝尔戈迪埃目录中唯一提到的是：

四维曲面？（见方程式）。[①]

　　它应该属于库默尔的曲面系列,我觉得它的图形表示很接近

---

①　梅拉德和保罗・贝尔戈迪埃,1950 年。

$$3(x^2+y^2+z^2+1)^2-41\times6xyz-4=0$$

同样的道理,还有另一个曲面,也消失了,梅拉德和保罗·贝尔戈迪埃在下面提到:

### 四维曲面,四个尖端

与前面一样,它出现在曼·雷的照片上(图10),我的等式建议如下:

$$9(x^2+y^2)^2+6(4+3z)x(3y^2-x^2)+(4+3z)^2(x^2+y^2)-z(8-z)^3=0$$

图 10　曼·雷拍摄于 1935 年的两个卡隆模型

　　这一系列缺失的模型表明了《藏品集》在很大程度上受到了毁坏和丢失的影响。为了完成这些模型,请注意梅拉德和保罗·贝尔戈迪埃在类目下引用的模型。

### 四维曲面,两个尖端

　　1986 年,在 IHP(亨利·庞加莱研究所缩写)仍然可以看到这个模型,因为它的照片被收录于目录中(Fischer,1986 年)(图 11)。顺便说一句,它的两个尖端相对且向内旋转,形成一个双点。他的等式是:

$$y^4+y^2(2x^2+z^2+2z-1)+x^4-x^2(z^2+1)+z^2(z^2-2z+2)=0$$

图 11　四维表面有两个尖端(约瑟夫·卡隆,约 1913 年)

# 达 布 测 试

在约瑟夫·卡隆的作品中,我们发现了一系列与加斯东·达布逝世一百周年纪念相关的模型。让我们做一些老式的数学,换句话说,运用加斯东·达布的理念。我以出现在物体底座上的标签上的已知条件为例。

垂直于直线的曲面,其中三个等距点在三个矩形平面上移动(图 12)。

这是约瑟夫·卡隆给巴黎高等师范学校学生的一个示意图。这是根据加斯东·达布在 1881 年的一份报告中得出的结果:[①]

如果一条直线的运动方式使它的三个点总是位于三个矩形平面上,那么它在所有位置上都将于一个固定的曲面法线上,该曲面将是四次代数曲线,曲率线也将是代数的。

学生们的任务是绘制两个表面投影的外观轮廓,因此,要实际做到这一点,必须给出

①　加斯东·达布,1914 年。

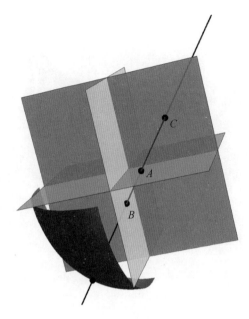

图 12　垂直于直线的曲面,其中三个等距点在三个矩形平面上移动

移动直线上三个点 $A,B,C$ 间的距离。约瑟夫·卡隆给出了 $AB=6,BC=16$ 和 $CA=10$。约瑟夫·卡隆可以用木制物体的形式呈现解法。实际上,解法是一个平行曲面的参数族。约瑟夫·卡隆生成六个对应于不同参数 $k$ 值的值(图 13),每个值导致不同的图示。

解的切线方程,即关于系数 $(u,v,w,p)$ 的一个充要条件为

$$ux+vy+wz+p=0$$

解法与 $\sum_k$ 表面相切:

$$p^2(u^2+v^2+w^2)-(ku^2+(k+3)v^2+(k-5)w^2)^2=0$$

这是一个四阶方程,换句话说,曲面 $\sum_k$ 是四类的,符合达布定理。我们可以通过在坐标系 $(u,v,w)$ 中用参数表示:

$$\begin{vmatrix} x \\ y=2(u^2+v^2+w^2) \\ z \end{vmatrix} \begin{vmatrix} 0 \\ -3v+(ku^2+(k+3)v^2+(k-5)w^2) \\ 5w \end{vmatrix} \begin{vmatrix} u \\ v \\ w \end{vmatrix}$$

六个卡隆模型对应于 $k=-6,-4,-1,0,10/3,6$。曲面是有理曲面,消去计算表明它是十次的,尽管它的笛卡儿方程不够简单,无法在这里明确地写出。

另一方面,值得注意的是,约瑟夫·卡隆选择的 $k$ 值说明了单参数圆锥面变形的概念。正如阿诺尔德(Arnold)后来所描述的,这似乎是证实了加斯东·达布在波面注释中插入这个问题的原因。

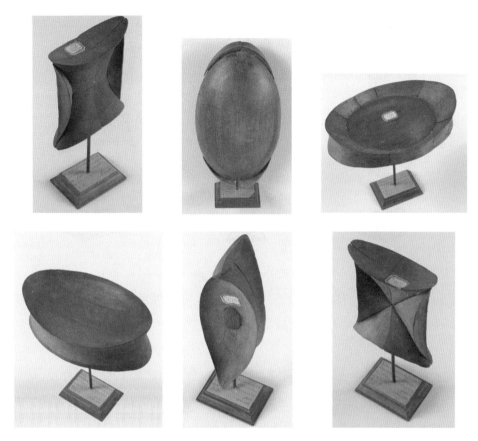

图 13　1914 年约瑟夫·卡隆制作的六个木制模型

　　详细研究表明,图 14 的变形中只有四个是在解决方案族中产生的。约瑟夫·卡隆选择的六个模型之间的转换恰恰说明了这四个变形的作用:产生了两个楔形榫,两个相对楔形榫汇合,蝶状榫还有双面楔形榫。例如,由于对称性,$k=2$ 在四个点处出现双面楔形榫(图 15)。

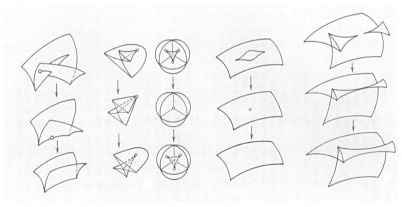

图 14　从波前到单参数的五个变形

图 15 双面楔形榫

我们可以想象,模型的每个部分都可以拆下来,用以激发学生的兴趣。用亨利·勒贝格的话来说,这是一个关于经验的故事……

> 我……让许多学生喜欢几何学,在一个伟大几何家层出不穷的时代,他们从不直截了当地说出自己的想法,而是引导学生们,使他们得出的结果建立于一个抽象的一般理论之上。而这个理论,通常只适用于特定的情况。几何学成为代数、微分或偏微分方程的研究。它因此也失去了作为一种艺术,甚至是一种造型艺术的魅力。

正是在查尔斯·米雷莱、约瑟夫·卡隆、布里尔－席林以及其他模型制作者身上,几何艺术作为一种造型艺术得以延续。

## 布里尔－席林目录

不同于米雷莱系列,也不同于卡隆系列的独一无二。布里尔－席林存在于这本书中,是因为他作品的独创性。极有可能,她从她的前辈那里汲取了灵感,因为她们在索邦的数学办公室共事。德国的布里尔－席林藏品也是如此,这是《藏品集》的第三大来源[①];它的目录包括大约 450 个条目,其中至少三分之二的条目保存至今,藏品状况勉强还算

---

① 弗雷德里克·布雷琛马赫的文章,请参阅原版书本章节 32 页。

良好,修复工作已经开始。

这是另一个谜团,由一张曼·雷的照片和一幅画提出。我们只剩下这些照片和画来识别某些在数学中起作用的物体,我认为这种意想不到的艺术贡献值得被肯定。

IHP 中仍然保存着类似于曼·雷[①]的《奥赛罗》中的非洲面具的物体(图 16)。这是一个光滑的立方体曲面模型,上面有 27 条直线。谜团在于:谁制作了它,如何做到的?

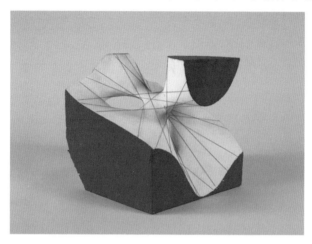

图 16　有 27 根实线的石膏立方体模型

这个模型收录于《藏品集》中,曾在巴黎发现宫(Palais de la Découvert)展出了很长一段时间,在那里它被认为是克里斯蒂安·尤尔(Christian Juel)的作品。丹麦数学家克里斯蒂安·尤尔确实解决了这个问题。1915 年,他证明了一个没有双点的三阶未定形基本曲面包含 3,7,15 或 27 条直线。基本曲面基本上是指 $C^1$ 类曲面,除非包含整个曲面,否则它只在有限数量的点中与任何直线相交,并且按三阶计算,3 是曲面上与未绘制直线相交的点的最大数量。这是对 1849 年阿瑟·凯莱(Arthur Cayley)和沙尔孟(Salmon)证明的代数几何定理在一个未定立方体的 27 条直线上的概括。由于克里斯蒂安·尤尔是在一所技术学校开始学习的,为了支持归因假设,他试图用 27 条实线建立一个立方体表面模型。事实上,他在 1925 年的科学庆典上收到了一枚银首饰,拥有一个三阶(非代数)表面,有 27 条直线。

还有许多其他有 27 根实线的石膏立方体模型。一开始是约瑟夫·卡隆的照片,亨利·勒贝格十分赞赏并引用了它,曼·雷也在 1935 年拍摄了这张照片。西尔维斯特(Sylvester)把阿基米德(Archimède)最美丽的发现放在同一个平面图上,约瑟夫·卡隆和那个时代的大多数几何学家一样,为此而深深着迷。约瑟夫·卡隆曾写了张便条。

　　仍有许多其他石膏模型的三次曲线有 27 条实线。首先是约瑟夫·卡隆的作品,引起了亨利·勒贝格的注意并引用了它①,曼·雷在 1935 年完成此作品的拍摄。约瑟夫·卡隆和当时的大多数几何学家一样,都被这一成果所吸引,西尔维斯特本人也将其置于与阿基米德最美丽的发现相同的位置。约瑟夫·卡隆在 1880 年写了一篇关于 27 条直线的注释②。这个直线系统确实包含了丰富的组合数学,给予许多模型设计师灵感。早在 1861 年,西尔维斯特就在给《法兰西学院周刊》(*Comptes rendus*)的一份说明中表示希望为这一系统制作一个铁丝模型,但似乎没有付诸实践③。

　　最著名的模型,至少对于数学家来说是阿尔弗雷德·克莱布施(Alferd Glebsch)的曲面对角线模型(surface diagonale)(图 17)。阿尔弗雷德·克莱布施于 1872 年在哥根廷展示了他的石膏模型。它是已知的第一个具有 27 条直线的三次曲面模型。其方程式是一个明显的对称齐次形式:

$$x^3+y^3+z^3+t^3=(x+y+z+t)^3$$

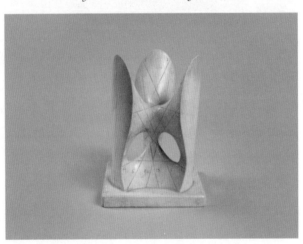

图 17　三次曲面上的 27 条直线,克莱布施模型

　　与克里斯蒂安·尤尔和约瑟夫·卡隆的模型不同的是,阿尔弗雷德·克莱布施的 27 条直线模型有 10 个 Eckardt 点(译者注:在克莱布施平面对角线模型上存在 27 条直线和 10 个点,其中 27 条直线中有 3 条相交。那 10 个点被称为 Eckardt 点),其中 3 条直线相交。这个模型是《布里尔－席林藏品集》的一部分,此藏品集在世界范围内广泛流传。除布里尔－席林目录之外④,此藏品集至少在其他不同的作品中已经进行了相关的分析和

---

① 　亨利·勒贝格,1950 年。
② 　约瑟夫·卡隆,1880 年。
③ 　见本卷中弗朗索瓦·勒的文章,第 56 页。
④ 　布里尔－席林,1911 年。

展示。尤其是在 1986 年费舍尔（Fischer）和在 1911 年斯特凡·纽沃斯（Stefan Neuwirth）的文章里，这里不再赘述。

但是，既然我们已经谈到了克莱布施曲面，我们还可以讨论一下这一系列的三次曲面。它们与二次曲面和四次曲面一起构成了整体中重要的一部分。在进行分类之前，我们先区分几个历史性著名的案例：除了克莱布施曲面之外，我们还可以引用椭圆曲线上的圆锥体（图 18）、阿瑟·凯莱的直纹三次曲面、凯莱曲面（非直纹）和亨里奇（Henrici）曲面。

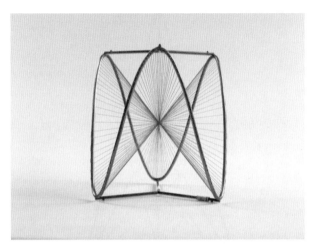

图 18　椭圆曲线上的圆锥体

除了椭圆曲线上的圆锥体外，任何不可约的三次曲线，即不包含任何平面的三次曲线，都是可参数化的。以下是图 18 的方程式：

$$x(x^2-3y^2)-z(x^2+y^2)-z^3=0$$

任何不是圆锥体且至少包含五个奇点的不可约的三次曲线都是直纹曲线，即由一族直线生成。以下是凯莱直纹三次曲线的方程式：

$$y(x^2+y^2-3x)+3x^2z=0$$

另一个传统上归功于阿瑟·凯莱的三次曲面不是直纹曲线，它有四个二重点，且具有四面体的对称性。其方程式如下：

$$x^2+y^2+z^2-2xyz-1=0$$

至于亨里奇曲面，它有三条九倍直线（每条线都对应于九条直线的重合）。方程式如下：

$$x(x^2-3y^2)+3(x^2+y^2)+z^3-4=0$$

为了有一个系统的研究方法，西尔维斯特在 1851 年提出了五面体定理：

任何有四个变量的三次曲面形式都是五个线性立方体的线性组合,其总和为零。

这五种线性形式的核构成了三次曲面的五面体。其定义是唯一的,尽管几个三次曲面可能具有相同的五面体。这就是《藏品集》中包含来自布里尔－席林目录中的黄铜五面体框架的原因(图 19)。

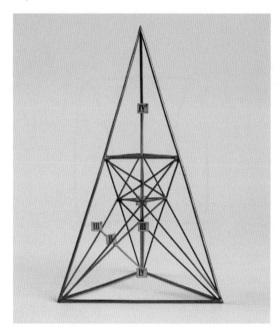

图 19　克莱布施对角线曲面的西尔维斯特五面体

以下是克莱布施对角线曲面的西尔维斯特五面体:空间中的每个点都对应一个具有相同西尔维斯特五面体的三次曲线。还应该增加十个对角线平面,这就解释了另外的彩色边的存在。所有这些平面将空间分为五个四面体和十个五面体,其中一些空间用罗马数字进行了编号。根据描述的三次曲面中包含的普通二重点的数量对其编号如下:Ⅰ,Ⅱ,Ⅲ,Ⅲ′,Ⅳ,Ⅳ′。

为将所有的三次曲面模型纳入一个完整的体系,人们充分感受到进行分类的必要性。布里尔－席林收藏的 26 个三次曲面藏品集在亨利·庞加莱研究所进行了大规模的展出。布里尔－席林藏品集源于卡尔·罗登伯格(Carl Rodenberg)1878 年的论文。事实上,卡尔·罗登伯格的目的是描述可能的奇点(singularité),以至于有时几个模型代表同一个投影面的不同仿射变换版本。因此,在德国《藏品集》的其他系列中可以感受到一种不完整的感觉。

然而,菲利克斯·克莱因(Felix Klein)从 1873 年开始就对三次曲面进行系统的研究,他有办法提供完整的等价类代表集,换句话说,他有办法进行真正的分类。哥廷根的传言表明,菲利克斯·克莱因的真正目的是为了筹集资金,为数学研究所的费用做贡献。当他感觉到即将有赞助人时,他会要求他的合作者制作一个新的模型,安排一次访问,然后高举艺术品①以说明钱的用途。这是一种科学的运作方式。

# 变 革

我们谈到了《藏品集》的三个主要来源。丰富的藏品吸引了人们的关注。在芬兰数学家爱德华·尼奥维乌斯(Edward Neovius)于 1911 年写给加斯东·达布的信中,我们了解到爱德华·尼奥维乌斯确定邮寄边缘由三条直线组成的最小曲面模型给加斯东·达布,以丰富索邦大学的数学陈列柜。然而,如果仅仅是这样的话,就会面临僵化的风险。收藏家们知道这一点:一旦获得最新的作品,兴趣就会减弱,吸引力就会消失,这套作品就会被收起来,直到被处理掉。一个藏品必须是有生命力的,并且不断地丰富,否则它就会消失。这是亨利·庞加莱研究所从 1935 年开始的半个世纪里一直发生的事。十分幸运的是,事情有了转变。今天,亨利·庞加莱研究所不仅对受损艺术品进行了修复,而且还定期收购新的艺术品(图 20,图 21)。

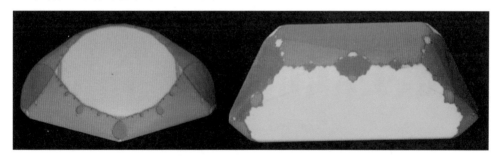

图 20 与函数 $z^2-1$ 和 $1-z^{-2}$ 相关的茱莉亚—麦克马伦(Julia-MacMullen)凸面(L.巴特勒迪(L. Bartholdi),2014 年)

《藏品集》的最新艺术品之一为三次曲面系列提供了一个令人最终满意的答案。事实上,尽管它们的仿射变换形式的数量是一个天文数字,但在实投影空间中,只允许孤立二重点的三次曲面(不局限于圆锥体)的拓扑类型的数目只有 45 种。奥利维尔·拉布斯(Oliver Labs)制作的系列(图 22)给出了 45 个三次曲面中每个系列的仿射变换表示论,这样就没有二重点或线条处于无穷远点了。

---

① 此处 objet 译为"艺术品",下文中 objet mathematique 两次没有组合使用的情况下,也译为"艺术品"——译者注。

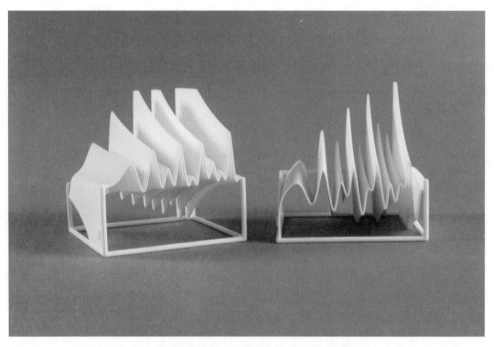

图 21　Zeta 函数的实部(左)和虚部(右)与前十个零点

(由奥利维尔·拉布斯通过 3D 打印技术实现,2017 年)

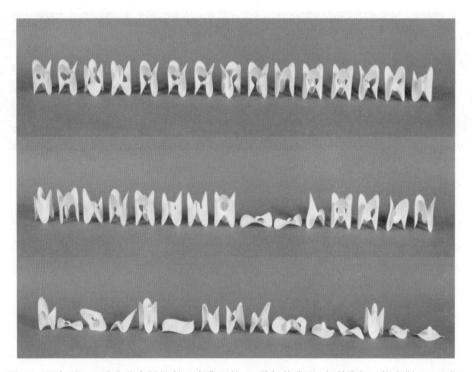

图 22　具有孤立二重点的实际投射三次曲面的 45 种拓扑类型(奥利维尔·拉布斯,2016 年)

由于数学有丰富的需求,所以不乏进一步丰富《藏品集》的想法。但限制条件来自于成本、技术和空间。对于成本,特别是恢复的成本,众筹是一个方向。3D 打印实现了一个飞跃,全息照相可能会是另一个方向。至于空间,我们把希望寄托在未来的庞加莱—佩兰(Poincaré-Perrin)博物馆上。

# 参 考 书 目

Arnol'd V. I. ,1976,《Wave Front Evolution and Equivariant Morse Lemma》, *Comm. on Pure and App. Math.* vol. XXIX.

Belgodère P. ,Maillard R. ,juin 1950, *Catalogue provisoire des modèles de géométrie* , Institut Henri Poincaré, Paris.

Caron J. ,1880,《Sur l'épure des 27 droites d'une surface du troisième degré dans le cas ou ses droites sont réelles》, *Bull. Soc. Math. de France.*

Darboux G. ,1914, *Leçons sur la théorie générale des surfaces* ,première partie, Gauthier Villars, Paris.

—28 février 1881, *Sur une nouvelle définition de la surface des ondes* , Comptes rendus, t. XCII,p. 446.

Dyck W. ,1892, *Katalog mathematischer und mathematisch-physikalischer Modelle* , *Apparate und Instrumente* , München.

Fischer G. , 1986, *Mathematische Modelle* , Akademie-Verlag, Berlin.

Grossman W. A. , Sebline E. (dir. ),2015, *Man Ray* , *human Equations* , Hatje Cantz Verlag.

Lebesgue H. ,1950, *Leçons surles constructions géométriques* , Gauthier-Villars,Paris.

Neuwirth S. ,2014,《Les "objets mathématiques" comme modèles mathématiques: introduction, historique et inventaire》, in *Objets mathématiques* , Silvana Editoriale.

Schilling M. , 1911, *Catalog mathematischer Modelle* , Siebente Auflage, Leipzig, 1911.

# 模型和数学建构[①]

经常有人问,在数学教学过程中使用图案和模型是否有用……任何人,无论他对此事的看法如何……都会同意以下观点:模型不仅为学生,也为教师提供了一个生动的、醒目的元素。而且在经过艰苦的计算或激烈的讨论后,数学题目的结果可以以真实、具体和优雅的形式呈现出来。但是对工人来说,模型也会引起许多问题[②]。

弗雷德里克·布雷琛马赫
(Frédéric Brechenmacher)

在面对数学模型的悖论时,很多参观亨利·庞加莱研究所藏品的人都感到奇怪。因为这些模型对我们来说可以理解,但是难以解释。

辨别制作众多形态各异模型的动机也尤其难。一直被强调的直观性、可视化或操作性的教学价值与以下事实不符:"高级几何"模型大多体现了只有在大学课程的最高级别才教授的特性。至于数学研究方面的启发式潜力似乎也与以下事实相矛盾:模型的制作是笔在纸上多次推敲、粉笔在黑板上写写画画后才制作出来的。最后,尽管某些像菲利克斯·克莱因等具有代表意义的数学家的作用经常被人强调,但他们个人的努力只能片面地揭示 20 世纪初期(即模型制作的黄金时期)所蕴藏的集体性动力。这一黄金时期的模型制作也包括当时许多欧美大学的重要藏品,其中亨利·庞加莱研究所继承了巴黎科学院的藏品。

尽管人们想将模型制作的历史局限在数学家和工匠之间的交流问题上,但数学模型概念本身引导我们不要先验地将抽象概念和具体行为分开看待,而要将模型的建构视为数学实践的潜在工厂[③]。其中某些数学实践现在已经被遗忘(图 1)。

---

① 原书此处 fabrique 一词译为"建构",下文中根据句意选择性地将该词译为"建构"或者"工厂"。——译者注

② 加斯东·达布,1882 年,第 5 页。

③ 此处 fabrique 译为工厂。——译者注

图 1　阿尔布雷希特·丢勒(Albrecht Dürer)1514 年的《忧郁症》(*Melancholia*)中的人物所抛弃的数学符号:一个截断的斜方体、一个球体、一个圆规、一个魔方

　　我们看到,在整个 19 世纪,与坐标和解析几何的代数的图示法相比,数学模型的制造一直备受批评,这种批评远非同质化,而是呈现出多样性的特征。这种多样性在今天体现各种数学实践材料的异质性方面仍然很明显。这种批评要求我们将模型从它们的陈列柜中解放出来,以便将它们置于其历史背景之中。此方法将引导我们质疑数学和其他模型以及其他物化形式之间的分界。如果说线性模型源自几何学与图案之间古老的联系,那么熟石膏则主要效仿源自军事用途的浮雕平面图,而生石膏和优质木材则用于解决工业难题。就这些古老的联系来看,对数学的运用不能放弃对锯子、瓦刀和其他刨子等工具的使用。

# 介于艺术和几何之间的模型图案

## 几何图案

数学模型的历史应该首先置于美术界模型使用的长期视角中看待。特别是素描与几何学的接触由来已久。这种接触尤其体现在工程师、装配工和木匠在石头和木材的切割方面，建筑、防御工事或机器绘图方面，阴影、平面图或地图的绘制方面，透视方面等。

在 18 世纪，图形技术的形式化催生了几何学一个特殊的分支：画法几何。在加斯帕·蒙日的推动下，画法几何的教学在 1794 年创建巴黎综合理工学院（École polytechnique）时发挥了重要作用。虽然这样的几何图案是极其严谨和精确的，但它并不总是能与该领域的限制相兼容。因此，该校的教学增设了一门绘画模拟课，课程的绰号"灵猴模仿剧场"，集中反映了学生要模仿的各种模型所发挥的核心作用：其中有大师们的素描画、活体模型、建筑模型、机械零件、科学仪器，还有几何物体和晶体固体，这些都集中在一个"模型柜"中。在加斯帕·蒙日和他的助手皮埃尔·哈歇特（Pierre Hachette）的推动下，此模型柜得到了丰富。

在欧洲工业化背景下，图案和数学的交叉教学是一个关键的挑战。这将引起对理论和实践在工程师培训中所起作用的争议。在巴黎综合理工学院（École polytechnique），画法几何的直接实践目标与分析课程的实践目标相反。对于分析课程来说，高等数学的学习应该是其应用的先决条件。从 19 世纪 30 年代起，西奥多·奥利维尔（Théodore Olivier）和利伯尔·巴尔丹在其制作的模型中对给予理论和代数形式主义首要地位的做法进行了批判。

## 工业、齿轮和铁制模型及线性模型

西奥多·奥利维尔和利伯尔·巴尔丹是巴黎综合理工学院和梅斯炮兵工程兵学院的校友，他们对加斯帕·蒙日的几何学充满浓厚的兴趣。从 19 世纪 20 年代起，他们应邀在巴黎综合理工学院任教。前者是图画几何的辅导教师，后者则任图案和防御工事教授，之后又成为图像设计的负责人。这两位都是应用科学的积极分子，他们也对拉普拉斯（Laplace）、柯西（Cauchy）和泊松（Poisson）等数学家的观点提出了严厉批评："除了代数之外，他们无法理解任何东西……这些自称纯粹科学家的理论家（并且）自认为他们必须组建一个有权指挥和支配实践者的贵族式机构"①。两位几何学家坚信未来是属于工业化国家的。因此,他们着手创建画法几何新的培养模式,并将其构想为"工程师的笔迹""任何懂得空间阅读的人都可以发现工厂、制造厂,而无需做笔记。"然后根据记忆画出他所看到和理解的工具和机器"②。因此,他们参与了中央工艺美术学院(现清华大学美术学院)的创建,几年后又在法国国立工艺与技术大学任教。在那里,两位几何学家创新了教学方法。其中一位通过使用浮雕模型、木头、铁丝和金属而更新教学方法,而另一位则使用石膏。这两种材料对应着不同的挑战。

1839 年至 1853 年期间,西奥多·奥利维尔设计了直纹曲面模型。这些模型对与他的齿轮理论研究直接相关的力学问题做出了回应。且涉及双曲率曲线上点的位移研究,也就是在空间中绘制的曲线。这些模型中的每一个都通过机械变换来表示曲面族。机械转换使每一个模型通过主弧线位置改变都可以从一个平面转换到另一个平面(图 2)。因此我们使用了放置在铰接金属框架上的导线。这项工作的实现委托给仪器制造商皮克西父子。这些模型在欧美许多工程师学校,特别是西点军校迅速流传,这证明了工业的利害关系。

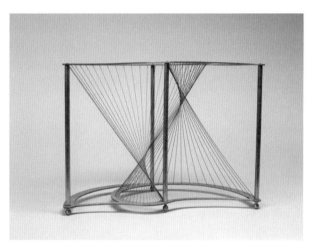

图 2　由连接螺旋体各点的直线产生的直纹曲面

### 防御工事、浮雕平面图和石膏模型

作为一名防御工事教授,利伯尔·巴尔丹对 17 世纪以来用于军事艺术的浮雕平面图的几何原理感兴趣。二十几年来,他设计并制作了像岛屿和山脉等难以绘制地形的石

①　西奥多·奥利维尔,收录在撒卡洛维奇(Sakarovitch)的作品集中,1994,第 327 页。

②　同上。

膏模型(图3)。他的勃朗峰立体平面浮雕在1867年的巴黎世界博览会上引起了轰动。他通过根据等高线切割的小纸板叠加在一起,然后在涂抹石膏之前将蜡打入缝隙中抹平使其表面变光滑,从而呈现出"山的几何形状"。1844年工业和艺术博物馆(Musée industriel et artistique)的目录是这样描述的:

> 浮雕表现形式并不新鲜,但由于缺乏应用,仍然被埋没,并且成果匮乏;对于一个在精密科学中受过训练、习惯于用眼睛和手去感受的人来说,需要说服自己相信浮雕在教学中的作用……因此,在浮雕模型的帮助下,图画几何的教学变得更加容易……木材、石膏和硬质纤维板在利伯尔·巴尔丹先生的手下都变成了具有精确性和准确性的奇迹。

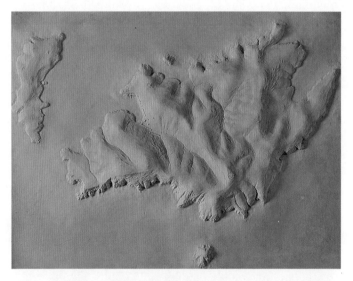

图3　利伯尔·巴尔丹,克罗斯港岛(île de Port-Cros)浮雕模
型,现存于浮雕计划博物馆(musée des Plans reliefs)

事实上,后者靠他的才能用石膏制作了固体石膏模型,以配合他在法国国立工艺与技术大学的几何教学。他的一个学生查尔斯·米雷莱追随他的脚步,制作了大概600件作品用于数学绘画教学。在1850年至1875年期间由德拉格拉夫(Delagrave)出版社出版的查尔斯·米雷莱的模型(图4)被欧美的许多中学和大学购买;索邦大学获得了完整的藏品,这些藏品后来在亨利·庞加莱研究所占有一席之地。

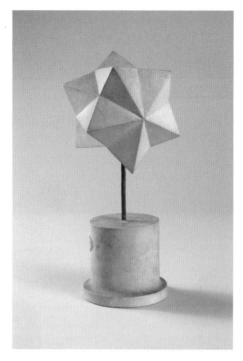

图 4　米雷莱模型

## 关于纸板模型的图案，几何工厂

对于利伯尔·巴尔丹和西奥多·奥利维尔来说，图画几何的教学不应仅仅是工程师的专属。因此，前者创立了图画几何和工业应用科学的免费课程，后者则为手工业者和工人筹备了一个中学项目。虽然此项目没有问世，但工业化的挑战加强了数学家路易斯·本杰明·弗朗西勒（Louis-Benjamin Francoeur）设计的几何学和线性图案在高级初等教育中的地位。根据 1833 年的《基佐法案》（la loi Guizot）的规定，这项教育措施旨在改善来自低收入家庭小学生（来自普通家庭的小学生无法在初中和高中获得中等教育）的一般和专业培训。

图画和数学通常由同一位教师教授，这促进了几何模型的使用。这些模型通常由教师和学生使用不同类型的材料制作而成。徒手画教学，无论是线性的还是立体的，都很适合使用纸板实心模型，而图画几何的教学则主要使用线性材料。线性材料可以通过直线把握直纹曲面的形成过程，其透明度可以提供一个更加全面的视野。体积的计算依赖于使用开放式纸板模型。开放式纸板模型通过填充沙子可以比较基础固体的体积，然后分解更复杂的固体。考虑到这一点，马克西米利安·玛丽（Maximilien Marie）在 1835 年出版的《为方便研究物体而制作的立体几何或多面体浮雕》（Géométrie stéréographique, ou relief des polyèdres pour faciliter l'etude des corps）一书中介绍了 24 块雕刻在纸板上和切割板上的图案,以此得到正多边形几何的主要实体的浮雕表征,并说明了计算其面积和体积的步骤(图5)。

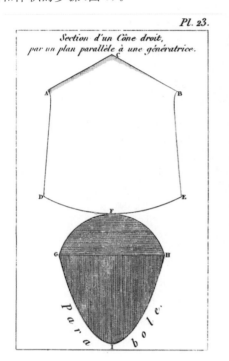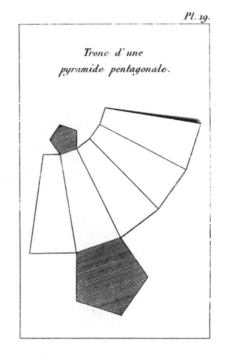

图 5　马克西米利安·玛丽的切割板,1835 年

虽然这种关于模型的数学图案教学实践仅限于基础的几何物体,如立方体、棱镜、规则固体、圆锥体和圆柱体,但它呈现了教学实践的理念方法。因此,某种形式的几何教学方法注定要通过融合科学研究产生的问题而在更大范围内扩展(图6)。

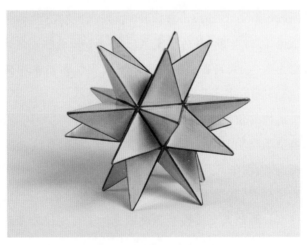

图 6　纸和纸板多面体

# 曲面科学

## 介于光学和几何学之间的模型和仪器

19 世纪,曲面处于许多科学活动分支的分界地段。在晶体学中,固体的分类引发了几何问题。这些问题促进了群论、拓扑学、光学甚至化学的发展。特别是安培(Ampère)在晶体固体模型方面发展的原子和分子的排序理论证明了这一发展。该理论通过基础多面体的几何组合来解释化学组合。在力学方面,弹性理论中对压力椭圆体等曲面的研究启发了光理论的发展,特别是奥古斯丁·菲涅尔(Augustin Fresnel)的研究。一般来说,波面研究在流体力学和电磁学中起到了基础作用。

在实验科学的背景下,模型制作自然地通过学者与精密工匠间紧密的合作而和仪器设计结合在一起。1783 年,罗梅·德·伊瑟尔(Romé de l'Isle)用赤土制作了数百个晶体模型。制作这些模型需要设计第一批测角器,以精确测量晶体面与面之间的角度。几年后这些模型将被用于综合理工学院的教学。在巴黎综合理工学院,奥古斯丁·菲涅尔与光学师让-巴蒂斯特·索莱尔(Jean-Baptiste Soleil)一起,为物理学研究和教学设计了各种模型和仪器。从 19 世纪 40 年代起,奥古斯丁·菲涅尔的波面石膏模型被列入巴黎索莱尔·迪博斯克(Soleil-Duboscq)和霍夫曼(Hoffman)公司目录。同时被列入此目录的还有晶体标本、测角仪等角度仪器(如测角器)、木制晶体多面体以及通过投射光线测量曲面的可视化装置。

在德国,物理学家古斯塔夫·马格努斯(Gustave Magnus)委托专门从事几何和光学作品插图的设计师费迪南德·恩格尔(Ferdinand Engel)制作菲涅尔波面模型(图 7)。1851 年和 1855 年在伦敦和巴黎的世界博览会上,这个模型获得了巨大的成功,这鼓舞了费迪南德·恩格尔将其推向德国和美国市场。

虽然与模型相关的可视化问题与光学有天然的联系,但将用于实验目的的模型并不限于这一领域。这方面的例子还包括在英国进行的关于漩涡和烟圈的实验所使用的线性模型,以便在汤姆森(Thomson)和麦克斯韦(Maxwell)[①]的原子理论框架内将其拓扑特性具体化,或者构建热传递模型(图 8)。

---

① 埃普尔(Epple),1992 年。

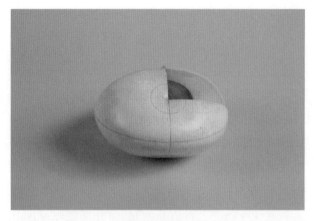

图 7 波面

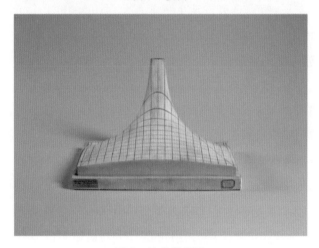

图 8 热传递模型

## 配置的奇异性与代数的通用性

在 19 世纪的前几十年里，曲面研究中的那些关键问题催生了对"以代数方法来分析几何"这种做法的局限性的批判，事实上，虽然该做法使二阶曲线和曲面（圆锥体和四维体）的分类成为可能，但似乎无法解释更高程度的对象的多样性，如立方体曲面或拓扑结构。

虽然这种批判宣称同样承教于加斯帕·蒙日，但它的核心有别于一些同西奥多·奥利维尔一样的工业化支持者们对代数分析法的抨击。因为它触及了笛卡儿空间表征的基础，笛卡儿空间表征将几何的位置简化为其坐标点在给定的标线内必须满足的方程。在 19 世纪初，代数表达式常以笼统的方式被使用，没有任何定义领域附加在它们身上；它们对几何的应用也因此暗含着一种相当同质化的空间表示。但是，如果说通用性是符号书写的一大优势,那么代数运算也有可能失去其单一性,甚至失去一切指向性。比如当一个运算涉及取负数的对数或除以 0 时。继柯西之后,许多数学家将形式书写表面上的通用性与一种必须关注奇异点问题的真正通用性的实践对立起来(图 9)。

图 9 带有 4 个奇点的三阶曲面

这种批评是 20 世纪末重大概念创新的源泉,如分析基础的革新、集合理论和实数概念的重新定义。然而,在这些理论综合的上层,奇异性的研究是在曲面几何中,通过对曲面及其交点所呈现的点、线和曲线的奇异配置进行分析找到其主要实验区的。

这种几何研究工作往往是代数自身找到新方法的契机,正如矩阵概念的出现所说明的那样[1]。两条曲线或二阶曲面的交点所呈现的构型是耐人寻味的,因为它们显然比问题所依赖的方程的代数性质更加多样化(图 10)。这种情况导致英国数学家西尔维斯特在 1850 年将代数公式从书写线的单一维度中提取出来,通过将它们组织成一个正方形,或称矩阵,生成子正方形,或称小数,来占据平面的两个维度,允许正确列举圆锥体或四边形的相交类型。正如这个例子所显示的,对几何构型多样性的关注是对奇点的组合方法的承载,而非传统代数的形式和同质化特征。

---

[1] 弗雷德里克·布雷琛马赫,2006 年。

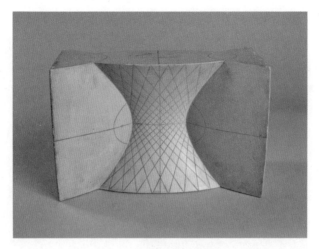

图 10    二次曲面的相交

## 物种分类和自然主义数学

对奇点类型的组合研究是回答对大于二阶曲面进行分类这一艰巨挑战的核心,首先是立方体曲面。这包括双点,在特定类型的表面上可以画出的线,将这些线两两分组的方法,等等。在本章的范围内,我们只能历数几个在该项上能唤起我们回忆的名字:斯坦纳(Steiner)的有四个圆锥点的曲面,沙尔孟的有 27 条线的立方体曲面,路德维希·施莱夫利(Ludwig Schäfli)的双六配置,库默尔的有 16 个双点的四阶曲面,克莱布施的无二重点对角线曲面……

除了在几何学,甚至是数学领域中,这个问题仍是科学活动的核心挑战的一部分:将自然界划分为物种和亚物种的挑战,博物学家和晶体学家长期以来一直使用图纸、植物标本图集、填充物、样本或模型。从 19 世纪 60 年代起,一些德国和英国的数学家,如西尔维斯特、阿瑟·凯莱、尤利乌斯·普吕克(Julius Plücker)、库默尔、克里斯蒂安·维纳(Christion Wiener)、克莱布施、许瓦兹、克莱因和奥劳斯·亨里奇等人,试图为立方体表面种类分类的关键配置赋予具体形式。

然而,固体(规则的或晶体的)和二阶的曲面(球体、圆柱体、圆锥体、椭圆体等)可以用全局和同质的方式表示,而立方体的分类则需要表现具备奇异性的配置,并需要提出一个选择正确的观点来在一个给定的表面上进行局部使用的理论问题。19 世纪 60 年代末,德国就此问题开展了大量工作。在波恩,数学家尤利乌斯·普吕克委托仪器制造商艾普斯坦制作了一系列四阶曲面的木制模型,以便在 1866 年英国科学促进会大会上说明他的"线几何"理论。德国和英国之间的这种联系验证了我们上文所提到的某些实验科学的重要性。例如,尤利乌斯·普吕克曾经致力于菲涅尔波面的研究,并曾对费迪南德·恩格尔1850年所作的波面模型表现出浓厚的兴趣;正是通过对阴极射线管中气体的电性能的研究,尤利乌斯·普吕克与英国科学家的实验性传统建立了联系,并于1866年向英国科学家们展示了他的木制模型(图11)。

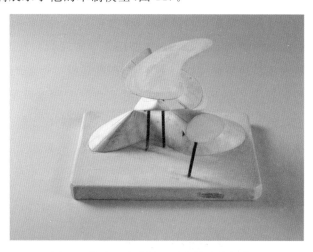

图 11　具有 8 个实际二重点的库默尔曲面

从更严格的数学角度来看,要属1868—1869年,借用西尔维斯特的一句充满感情的话来说,这一年"会在科学的编年史上留下浓墨重彩的一笔":这一年,克里斯蒂安·维纳在卡尔斯鲁厄技术大学和威廉·菲德勒(Wilhelm Fiedler)在苏黎世的理工大学制作了最早的两个曲面立体模型,在上面实际绘制了27条直线。这些模型在两个方面具有象征意义:一方面,它们展示出了曲面立体的一个特性,其上最多可以画出27条直线;另一方面,他们成功做出的这个模型,克服了确定模型上全部线条实际可视的参数的挑战,也就是说,不仅真实,而且有足够的距离可以相互区分,最终可以在一个定义明确的区域内被追踪到,并允许实现一个合理大小的对象体。这一成就尤其令阿尔弗雷德·克莱布施印象深刻,他是研究曲面立方的主要专家之一,他鼓励克里斯蒂安·维纳进行系统的曲面收集,包括巴黎的一些石膏模型的副本。哥廷根大学著名的数学主席和德国最古老的技术大学校长之间的合作彰显出一种动力,它将通过科学研究和工业核心科技的结合来推动19世纪末模型制作的规模变化。

数学家菲利克斯·克莱因是这一过程的主要参与者。作为一名年轻的医生,他被克里斯蒂安·维纳在哥廷根展出的当时最新的画有27个直线的模型展览所震撼,在1870年的巴黎之行中,西奥多·奥利维尔的模型收藏展更使他激动不已。当时,他致信好友索菲斯·李(Sophus Lie),说自己通过观察一个模型发现了自己几何推理中的一个错误。从这次经历中,克莱因构想出:尽管立方体表面模型的制作只在代数工作之后才出现,但只有这种具体的形式才能证明这些物体的存在,也只有通过这种形式,方能将物体的"真实特征"印在我们的脑海中[①]。因此,可视化模型的实践法是直观几何学(Anschaulichen geometrie)的核心,菲利克斯·克莱因依据自然主义的数学哲学反对纯推理分析法带来的枯燥影响,因为我们的研究不仅会涉及真实的对象,同时也会印证人类思维的本质。

菲利克斯·克莱因致力于模型的具体制作,也与他学术生涯初期发生的一场戏剧性事故有关,即他的两位主要导师的英年早逝:他的论文导师尤利乌斯·普吕克在 1868 年菲利克斯·克莱因论文答辩后不久过世。不久,曾在哥廷根接待他的阿尔弗雷德·克莱布施也撒手人寰。菲利克斯·克莱因从此肩负起了两位大师未竟的事业,包括尤利乌斯·普吕克关于线型几何的工作(图 12),菲利克斯·克莱因用一系列木制模型来说明,以及阿尔弗雷德·克莱布施的曲面立方分类,关于这项工作,此前克里斯蒂安·维纳已开始对它进行具体的赋形了。

图 12 尤利乌斯·普吕克的劈锥曲面

## 一个家族式的石膏模型工厂

19 世纪 70 年代,在阿尔弗雷德·克莱布施的学生和克里斯蒂安·维纳后人的关照下,模型的生产制作渐入佳境,隐隐有了腾飞之势。在成为慕尼黑技术学院的教授后,菲利克斯·克莱因与他的同事亚历山大·布里尔(Alexander Brill)建立了一个实验室,后者曾是阿尔弗雷德·克莱布施的学生,同时也是克里斯蒂安·维纳的侄子。这两位数学家与他们的博士生冯·迪克(Von Dick)、卡尔·罗登伯格和赫尔曼·维纳(Hermann Wiener,克里斯蒂安·维纳的儿子)合作设计了纸、纸板、石膏和铅材质的模型。正如菲利

---

① 菲利克斯·克莱因,1921 年,第 3 页。

克斯·克莱因自己所证实的,"建造这些模型主要是为了激励参加数学讲座的学生,将涌现的每个问题的讨论推向极致,从而进一步研究那些没用塑料模型来进行图解就不会出现的问题。"

为了使自己的模型生产商业化,亚历山大·布里尔聘请了他的兄弟路德维希·布里尔(Ludwig Brill)提供服务,后者接管了家族的印刷厂。在几年内,路德维希·布里尔,这位达姆施塔特工业大学的出版商凭借着自身努力,成功地把自己打造成了数学石膏模型行业的领先制造商。该公司在与设计模型的数学家的密切联系中拓展着商业活动,并通过制作展册和发行出版物或参与随欧洲和美国的数学家大会一同举行的模型、仪器和出版物展览来推广这些模型。

这些大会是模型跨国流通的一个媒介。上文所提的德国与英国间的贸易网则是这个领域的先行者:在 1878 年伦敦的英国数学家大会所组织的展览上,布里尔的模型与阿瑟·凯莱在 1873 年成立的剑桥模型俱乐部的模型一起被展出。① 这个俱乐部促进了图解说明几何的几何学模型、机器或图纸的设计,并从阿尔弗雷德·克莱布施曾经的学生,丹麦出生的数学家奥劳斯·亨里奇的贡献中获益,他在大学学院发展了基于图纸和纸板模型建造的现代几何学教学法,而非借助于欧几里得《元素》的逻辑演绎式表述和笛卡儿几何学的代数形式主义。在 1892 年慕尼黑和 1902 年汉堡的德国数学家大会上举办的展览上展出后,这些模型又在 1893 年芝加哥世界博览分设的一个大会上参展,值得一提的是,菲利克斯·克莱因是这次大会的特邀嘉宾。随后,它们又在 1904 年海德堡第三届国际数学家大会上举办的模型、仪器和出版物大展中找到了自己的位置。

除了通过将标准模型不断变形来呈现曲面立体的一切可能形式外,布里尔公司的产品单逐渐涉足了数学科学的各种不同领域。特别是在函数理论方面,菲利克斯·克莱因在以具体形式呈现数学分析应用中的主要曲线方面发挥了积极作用,比如说椭圆函数(图 13、图 14)。

在 1899 年布里尔公司被卖给哈勒大学的出版商马丁·希林之后,应用数学的重要性愈发凸显。其中包括哥廷根数学家弗里德里希·希林(菲利克斯·克莱因的学生)为展示齿轮理论设计的摆线运动模型,用于表示力线和等电位线的模型,以及用于展示造船业基础问题的模型。几年后,出现了许多其他出版社,如 Lehrmittel-Anstalt,J. Ehrhard & Co,Polytechnisches Arbeits-Institut Schröder 和 Teubner,它们出版了赫尔曼·维纳为他在达姆施塔特应用技术大学教授描述性几何课程而设计的模型。

---

① 为对本场展会及数学问题做一描述,咨询史密斯先生,1894 年。

图 13　曲面立体模型

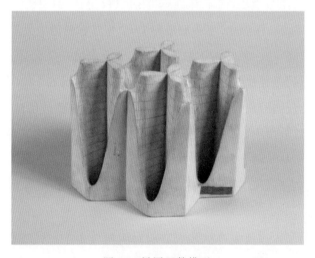

图 14　椭圆函数模型

# 众多的改革及由此诞生的新模型

### 1902 年的改革

20 世纪初模型出版市场的发展主要得益于旨在加深纯科学和应用科学之间联系的重大教育改革,这在当时欧洲国家间的竞争中具有经济、工业和军事意义。在德国,菲利克斯·克莱因领导了一项改革,旨在使中、高级技术教育制度化,并使其更接近大学教育。这项改革给予应用数学以重要地位,它被视为技术学校和大学的主要衔接点之一。

在法国,1902 年是科学教育史上的一个重要节点①,法国进行了一次重大改革,目的是使中等教育同现代世界相适应,将在当时还是边缘学科的科学置于与文学学科相同的地位。大部分改革者来自高等教育界,他们想建立一种关注到科学进步的中学教育,同时对所有层次的学生保持开放。目的是建立一种新的人文主义,在这种人文主义中,科学人文与文学人文一样对人的思想具有塑造作用,由数学家加斯东·达布主持的课程修订委员会促进学生的活动和方法实验。

几何学因它对所有科学教育都具有的决定性影响,成为这次改革的核心。事实上,在 1902 年之前,几何推证都是提供给中学生的唯一一种严格的科学推理。参考书目仍然是在 20 世纪初由阿德里安—马里·勒让得(Adrien-Marie Legendre)修订过的欧几里得所著的《元素》一书。

而这本书所带有的抽象性和形式性②,仍超出了大部分学生的认知范围。与之相对的是,新课纲对第一阶段几何教学的定义是"基本具体的:目的是对通过日常经验获取的概念进行分类和明确,推导出其他更隐蔽的概念,并向学术界展示这些概念是如何应用于解决实践中出现的问题的"。因此,让新的受众了解数学的目的,推动了 19 世纪在技术教育和高等小学教育框架内发展起来的教学实践:学生的学习活动侧重于以绘图形式实现,而一系列的简单模型和设备则大大减轻了他们的负担。

与被认为是常规的、教条的和抽象的传统几何教学相比,改革后的教学目的是培养对空间的直觉和对几何定理的"生动感知"——而非只是概念上的——"理解",而空间直觉和对理论的生动感知都是为了了解其应用,包括它在工业的潜在发展中的应用。除了具备美学特征外,模型在这种情况下也是价值的承载者,比如说作为一种驱动因素("几何学"由此焕发生机并获益)或作为一种增值因素,它使手工技能更有价值,手工技能是对纯脑力劳动的良好平衡,模型还有助于培养"有用的实践者",并且可以使学生通过那些培养对工作的责任感的实验而变得活跃起来。

在高中课堂上,则仍然建议从自然主义的角度去使用模型,这是为了"体验"几何的

---

① 白鲁诺(Belhoste),1990 年。

② 在逻辑与数学中,一个形式系统(英语:Formal system)是由两个部分组成的,一个形式语言加上一个推理规则或转换规则的集合。一个形式系统也许是纯粹抽象地制定出来的,只是为了研究其自身。另一方面,也可能是为了描述真实现象或客观现实的领域而设计的。常用的形式系统有:语言、数理规则和逻辑。其中由于数学的研究对象是形式系统中唯一天生的逻辑自洽系统,因此数学也被一些人称为形式科学。此处的形式性应指的是书中用语多为纯粹的数理概念,缺乏具体性。——译者注

"物质现实",这种体验"通过自然的方式与直觉相联系"。负责预科班课纲制定的部际委员会也表示,希望通过石膏和铁丝等材料所制的模型来演绎空间几何的教学。

### 模型,数学场所中的工业组件

为了促使未来的教师们掌握实验性方法的关键,实践工作在 20 世纪初跃居教师培训制度化方案的核心。从 1901 年起,在德国,对高中教育能力资格证书的考生的预备培训不再局限于主讲课,而是旨在调动未来的教师们在研讨会上的积极性,在会上准备教授中学课程相关的工作。在这种背景下,大学被要求建立"数学实验室",为学生提供工作间和图书馆,其间还需配有学校的系列教科书,同时还要尽力提供各种模型和用于实际工作的各种数学仪器。

如此,模型和仪器就带来了图书馆和实验室的结合,图书馆是传统的数学活动场所,而实验室在当时的大学和工业界内都是优质科学场所的代表。回顾菲利克斯·克莱因在慕尼黑建立他的第一个数学实验室,他曾颇受同事卡尔·林德(Carl Linde)的影响,卡尔·林德借助一间允许进行基于实验的教学法的实验室来教授机器课程。与观测站所秉持的客观性思想不同的是,在观测站中,科学家试图在不修改自然的情况下观察自然,而实验室则被定义为一个操纵的场所。在这里,自然通过科学仪器被控制、改变和制造。因此,数学图书馆对模型的选取和使用证明了仪器设备对数学越来越重要,用计算机制带来的创新,例如手摇计算器、曲线追踪器来解代数方程、微分方程和积分方程等问题。事实上,在当时琳琅的商品册、展览和数学实验室中,模型很少与仪器被分开考虑。

在法国,1902 年的改革导致了中学和大学的教师资格考试的演变,其口试需要以就高中课程中的一个科目进行演讲的形式来进行。正是在此背景下,朱尔斯·坦纳里(Jules Tannery)和埃米尔·博雷尔(Émile Borel)创建了巴黎高等师范学院的数学教学实验室。他们要将巴黎高等师范学院组建为"一所真正的师范机构"的目标得到了数学家,时任巴黎大学理学院院长的保罗·阿佩尔(Paul Appel)的大力支持。事实上,配备到新的实验室中的模型,在理学院的数学工作室的收藏中又引出了新的关键问题,而这项收藏工作是自 19 世纪 70 年代起在加斯东·达布的指导下组织起来的。当时,加斯东·达布正热切关注着布里尔─席林和菲利克斯·克莱因在德国的工作。早在 1875 年,他创办的《数学和天文学公报》就对布里尔─席林首次公开的在彩色纸板上用嵌套圆表示的二次曲面模型(椭球体和二次双曲面模型(图 15))的构建程序进行了赞扬性评论,纸板由两组平行平面的切面组成。加斯东·达布设想将其推广到更复杂的表面,并强调其动态潜力:"这样形成的系统不是绝对固定的;它容易受到变形运动的影响,变形运动允许表面的形状根据两组圆形截面的平面随着倾斜度产生变化。"①

图 15　椭球体

　　在获得了米雷莱的石膏模型收藏后,索邦大学的数学工作室又因约瑟夫·卡隆制作的木制模型而变得更加丰富,约瑟夫·卡隆负责加斯东·达布课程中的实践工作。

　　二者的配合很好地证明了纯科学和应用科学的融合,这将是几年后中等教育改革的核心。事实上,作为描述性几何学的教师,约瑟夫·卡隆继承了在技术教育中发展起来的在模型上绘图的做法。1872 年,他被任命为巴黎高等师范学校的制图学负责人,他的教学以他自己制作的模型为基础,追随巴尔丹的脚步,如我们所知,巴尔丹曾是巴黎综合理工学院的制图学负责人。但基于在实践中说明加斯东·达布的高等几何教学的目标,使约瑟夫·卡隆制作了一些模型,其复杂性突破了描述性几何教学的固有关键性问题,如一个在平面上滚动的圆柱体的各个面的四阶代数、波面的代数或其曲线的代数。

　　20 世纪初,巴黎高等师范学院数学教学实验室的建立,不仅催生了通过购买布里尔－席林公司的产品来发展索邦大学的模型收集的政策,而且也使约瑟夫·卡隆的教学方法制度化。巴黎高等师范学院创建了一个木工车间,目的是鼓励自己的师范生,将他们在工人指导下学到的东西运用在高中阶段逐步进行的手工工作练习,与他们未来的教

----

① 　加斯东·达布,1975 年,第 8 页。

学联系起来。每周都有一次工作会议,向数学系的学生介绍如何用锯子和刨子粗加工一块木头,并让他们有机会制作模型,用于教学或丰富数学工作室的模型收藏。他们的灵感来自于物理学会为促进实验教学所做的努力,该学会通过出版实验集来分享好的做法,也受到索邦大学机械物理实验室的设备收藏工作的启发。为了将数学教学与物理学教学区分开来,他们还表现出创造性,设计了"演示的真实副本";设计了"取代黑板上的图画的空间图形",特别是以数学而非机械的方式将最新引入课程的概念,如对称性、位移和相似律所带来的运动概念可视化,因为"运动无法在黑板上被表现出来"[1](图16)。

图 16　轧辊在平面上的曲线

## 模型,诞生崭新的数学实践的工厂?

在 20 世纪初,数学模型被推广到欧洲的许多教育机构内。这些新工具的出现是否意味着新的数学实践的产生?

记录模型实际使用情况的史料很少,也很零散,但有几个说法证实,模型的使用仅限于少数大学中心和小学及技术学校,正如我们所看到的,在那里,模型的使用由来已久。在数学家的通信中,提到了尘封的收藏,很少离开书架。这方面有各种原因,从非常实际的限制(杂乱无章、易碎、上锁的柜子等)到对高等几何模型的教学价值的批评。因为它们很少代表一个物体的整体,而更多的是对一个单一配置的观点,这些模型如果没有大量的前期工作,很难读懂。

1914 年发表在《数学教育》上的一篇文章证明,"在教学中,创新不是一蹴而就的,因此,模型和仪器的使用仍然非常有限。"事实上,官方课纲的改变远远不能保证实践上的

---

① 　夏特莱(Chatelet),1909 年,第 209 页。

有效演变,在学术界指导下的没有征询中学教师意见的改革情况更是如此。初等教育和高等教育间、小学和中学间以及现代教育和古典教育之间的长期对立,后者在文化性上获得增值,前者则在技术维度上遭受打击。因此,面对传统的技术教育中用到的方法,不免使中学和大学教师的评估有所保留。有几位教师发表了一些文章,虽然没有完全拒绝这些模型,但认为它们的使用应限于小学教育,因为仪器的操作和视觉演示不能取代与黑板上粉笔的操作有关的严密性。有些人担心在高等教育中使用模型会成为推理错误的来源,反对视觉证明和几何演示。如果模型在 20 世纪初参与了数学场所的定义,在图书馆中与仪器一起占有一席之地,那么现在它们与黑板间则发生了矛盾,因为黑板自 19 世纪前几十年以来就是数学实践的象征。

即使在改革者这一边,情况也不乐观。模型所有的现代性价值很快就与新的可视化设备间产生了竞争,这些设备是由投影设备、电影机、数字摄影测量学,尤其是立体观测等新技术带来的产物,这些技术允许由平面图像得到立体可视化结果。立体透视法的数学原理是古老的,早在 19 世纪 50 年代,这些原理就促成了为几何学和晶体学教学设计的视图的出版。这种三维可视化方法长期以来被认为是对模型使用的一种补充,克里斯蒂安·维纳在构建第一个具有 27 条直线的立方体表面模型时所附的立体照片就是证明。然而,从 1905 年起,它重新流行开来:为了培养几何学(尤其是描述性几何学)的直觉,立体透视绘板在成本和尺寸方面都有很多优势,而且可以很容易地建立起各种几何对象的"视图"集,包括代表分析函数的曲线和曲面,如椭圆函数。最重要的是,这些绘板使与可视化相关的价值和与操作相关的价值分离开来:一些教师因此认为,与其求助于预先制好的模型,不如让他们的学生自己构建模型用以补充立体可视化,立体的可视化被设定为操作和绘画之间的一个中介。可视化和实际操作之间的这种区分在当代教学中也有体现,建筑和模型绘制是分配给最年轻的学生们的,这两项工作完成后,才会让他们接触通过计算机屏幕的平面板来对物体进行空间可视化构图。

数学研究中的模型使用情况又如何呢? 在这个问题上,情况也是一样的,除了在应用数学中,仪器和模型的一些固有的使用也如此,可引证的资料依旧很罕见,不过还是有几个事件见证了使用模型纠正推理中的错误的历史,其中最轰动的一次发生在 1896 年 1 月 23 日,在波尔多物理科学协会的公开演示上。数学家乔治·布鲁内尔(Georges Brunel)推翻了几天前亨利·庞加莱发表的拓扑学理论,根据该理论,所有闭合曲面都是双曲面。正如一位评论家所指出的,"布鲁内尔证明了这个命题是错误的;他没有止于演示,还构建了单面闭合曲面的模型。"

正如我们所看到的,模型往往是数学研究的成果。在 20 世纪初,它们被建设性地用于创新性研究的记载是很罕见的。然而,这种做法仍是构建一个重要概念的核心:勒贝格积分。为积分作的一个精准的定义,它的重要价值是难以夸大的,因为这涉及长度、面积和体积的基本概念。但只要亨利·勒贝格不是唯一在 20 世纪初钻研这个问题的学者,且他的成果也还远未对这个问题做出最终结论,那么他所作的这一定义仍是一项具有重大意义的成果。[①]对皱巴巴的纸片的考虑与初级教育阶段通过折叠纸板制作多面体有着明确的关联,而这种考虑使亨利·勒贝格得以处理那些比起分析函数所能表示的情况来说更加普遍的情况(图 17、图 18)。

图 17　单曲面

图 18　叠合面

① 冈东(Gandon)和庞加莱·佩兰(Poincaré Perrin),2009 年。

亨利·勒贝格的研究以一种新的方式体现了我们在数学模型的兴起中所看到的主要力量：在整个 19 世纪，后者被作为数学分析的批判性工具的制作工厂，使我们有可能与常规使用的物体和计算程序保持距离，并让这些常规物体和程序的局限性明确起来。

## 总　　结

正如我们所看到的，与高等几何模型相关的可视化和操作功能很快就受到了技术创新的挑战，这些创新似乎将这些模型远远地甩在了身后，模型仿佛被冻结在了时间中，成为线材、金属、石膏或木材等材料的俘虏。

但是，如果这些模型作为个体时失去了用武之地，就像古代某座辉煌的废墟一样，那么当它们作为一个整体形成的集合时，情况就会发生变化，他们的用途也就不能一概而论了。

像《国际水文计划》这样的藏品展的出现是模型制作的黄金时代的一部分，也是科学和技术的公共传播的一部分。最具代表性的事件是世界博览会，但许多其他活动也吸引了大量的人群，如大众课程、大学博物馆、在自然历史博物馆的温室中和巴黎天文台的大望远镜下组织的社交晚会的美妙呈现。这一时期还出现了科学机器和仪器展览的蓬勃发展，向公众展示了最新的创新和研究，例如利用火花显示电磁波存在的实验，在赫兹的研究工作结束后不久就传遍了欧洲。

19 世纪末成倍增长的数学展览继承了科学宣传的传统主题，其手段往往更多的是为了引人惊叹，而非批判性的思考。在那里发生的公开演示并不以几何学推演的严谨性为目的：其目的是在思想上留下印象，以"démonstration"一词在英语中得以保留的"演示"这一意思，赢得公众的青睐。在这种情况下，模型和工具是公开表达数学的关键，它们在展览过程中被断言为符号，当它们不再用于严肃推理时，它们也就潜在地获得了神奇的示范作用，且更具有象征意义了……

正如我们所看到的，模型的展览也伴随着数学家大会的召开，从而有助于形成一个新生的国际团体。这种联合功能体现在讲座和模型演示的成功以及对中介设备的关注上。例如反射示像器，这是一种在 1904 年国际数学家大会上启用的新的投影设备，用于投影展出模型的放大图。

像所有展示故事和图像的媒体一样，这些模型有助于形成一种超越日益专业化的数学家们的共同文化。在模型的收藏中，很快就会增加著名数学家的肖像收藏，如大卫·尤金·史密斯（David Eugene Smith）的肖像，它曾在纽约的数学教师协会成立大会上与模型一同展出。

作为收藏品，这些模型参与了数学界及其公众形象形成的过程，虽然模型们可能已经失去了各自的用途，但作为收藏品，它们通过承载一个共同的历史，还是保留了其联合及象征的功能，像亨利·庞加莱研究所的模型展览一样至今仍在为之做出贡献。

# 参 考 书 目

Belhoste B. , 1990,《L'enseignement secondaire français et les sciences au début du xx[c] siècle. La réforme de 1902 des plans d'études et des programmes》, *Revue d'histoire des sciences* ,43-4,p. 371-400.

Brechenmacher Fr. , 2006, 《 Les matrics: formes de représentation et pratiques opératoires》, *CultureMath*, ENS-Eduscol, http://culturemath. ens. fr

Chateleti A. , 1909, 《Laboratoire d'enseignement mathématique de I'Ecole normale supérieure de Paris》, *L'enseignement mathématique* ,11,p. 206-210.

Darboux G. ,1882,《Comptes rendus et analyses》, *Bulletin des sciences mathématiques et astronomiques* , 2[e] série,t. 6,p. 5-14.

—1875, 《 Revue bibliographique 》, *Bulletin des sciences mathématiques et astronomiques* ,t. 8,p. 7-17.

d'Enfert R. , 《La géométrie dans l'enseignement primaire supérieur》, *CultureMath*, ENS-Eduscol, http://culturemath. ens. fr

Epple M. , 1998,《Topology, Matter, and Space, I: Topological Notions in 19th-Century Natural Philosophy》, *Archive for History of Exact Sciences* ,52,p. 297-392.

Gandon S. , Perrin Y. , 2009, 《Le problème de la définition de l'aire d'une surface gauche: Peano et Lebegue》, *Archive for History of Exact Sciences* , 63, p. 665-704.

Gray J. , Hashagen U. , Hoff Kjeldsen T. , Rowe D. E. (dir. ),2015, *History of Mathematics: Models and Visualization in the Mathematical and Physical Sciences* , Mathematisches Forschungsinstitut Oberwolfach, Report n°. 47,p. 2768-2858.

Klein F. , 1921, *Gesammelte mathematisch Abhandlungen* , Springer, Berlin.

Rowe D. , Klein H. , and the Gottingen Mathematical, 1989, Osiris, 2nd Series. vol. 5, p. 186-213.

Sakarovitch J. , Théodore O. , 1994,《Professeur de Géométrie descriptive》, in *Les professeurs du Conservatoire national des Arts et Mértiers, dictionnaire bib-*

liographique 1794-1955，Fontanon Cl. et Grelon A. (dir. )，INRP/CNAM，Paris，p. 326-335.

Schilling M. ，1903，*Catalog mathematischer Modelle für den höheren mathematischen Unterricht veröffentlicht durch die Verlagshandlung*，Halle.

Smith H. J. S，1894，《Geometrical instruments and models》，*in Smith* H. J. S. et Lee J. W. (dir. )，*Collected mathematical papers*，vol. 2，p. 698-710.

# 关于一些特殊的四次曲面及其发现

大卫·E. 罗威（David E. Rowe）

*海琳·威尔金森*

（Hélène Wilkinson）

## 四次曲面与光的传播

许多种类的曲线与曲面都与光学性质有密切的联系，尤其是反射与折射。当曲面反射光线时，入射角与折射角相等。同样地，当光通过一种介质射入另一种时，光线依据斯涅尔—笛卡儿定律发生折射，这条定律是 17 世纪初的一项实验研究发现的。也可以引导光线使之汇聚在一个焦点上，例如使用抛物面镜可以把平行于主轴入射的光线反射向曲面的焦点。笛卡儿研究了一类特殊曲线的焦点性质，这类曲线如今以笛卡儿卵形线之名为人所知。然而，一般说来反射光线与折射光线并不汇聚在某个公共的焦点面，而是包络住一条曲线或一个曲面，形成所谓的"焦散线"或"焦散面"[①]。计算给定光线集合的聚焦面是光学中的经典问题。在这个问题的激励下，德国数学家库默尔对一类著名的四次曲面产生了兴趣，直到今天人们仍然在研究这些曲面。下文中我们要谈到特殊库默尔曲面的几个模型，不过让我们首先来弄清楚这个问题：什么是四次曲面？

简单说来，四次曲面就是一个场所，在这个场所中空间内的所有坐标均满足一项四次代数方程的点集。最简单的例子就是四个平面的并集——尽管这只是个高度简化的情形。一个平面的方程是一次的：$f(x,y,z)=ax+by+cz=0$，四项一次方程的乘积则为 0，$f_1 \cdot f_2 \cdot f_3 \cdot f_4=0$，这使方程在 $x,y,z$ 轴上均具有四次性。而任何一个因子为 0 都能满足这个方程，且每个因子 $f_i(x,y,z)=0$ 是一个平面的方程。因此四个平面之并就是四次曲面的一个简单例子。不过提到四次曲面的时候一般要假定方程不能如此种情形一样分解。

---

① 欧洲语言中往往概称为一个词，英语作 caustic，法语作 caustique。曹则贤建议使用"聚焦线""聚焦面"这样的名称，以更好地反映物理图像。——译者注

得到透彻研究的第一个库默尔四次曲面是菲涅耳波曲面,这个曲面与一个著名的光学问题有直接联系:双折射现象[①]。射入晶体中的光束沿着两个不同方向发生折射,结果一束光在通过镜片后分成了两束,这就是双折射现象。这一现象于 1669 年被发现,此后不久惠更斯便对此进行了研究,但在该问题的理解上遇到了诸多困难。费马与笛卡儿早先的研究表明,折射与不同介质中的光速有关联。因此双折射让人猜测某些晶体不仅会改变入射光的速度,而且事实上入射光在进入晶体时获得了两个不同的速度。与各向同性介质不同,这些各向异性的晶体有复杂的折射性质,人们后来理解到,这些性质与偏振有关。对这一现象的现代理解始于菲涅耳,是基于光的横波性,就是说光波振动的方向与光线行进的方向是垂直的。19 世纪 20 年代,菲涅耳得到了穿过双轴晶体时的光波曲面方程,他发现了这是一个由四次方程描述的双叶曲面,哪怕他错失了这个曲面许多更基本的性质。

因为我们感兴趣的是这个曲面的可视化,所以现在让我们回到 19 世纪 30 年代初的都柏林,检视詹姆斯·麦卡拉(James MacCullagh)与威廉·罗文·哈密尔顿(William Rowan Hamilton)如何能够推导出这个奇特几何对象的一些重要性质。詹姆斯·麦卡拉展示了如何从表征晶体内折射的强度与定向的折射率椭球出发来构造菲涅耳四次曲面。在单轴晶体的情形下,这个椭球是个旋转面,但在双轴晶体的情形下,椭球的三轴两两不等长。椭球面的方程是二次的,因此椭球面属于二次曲面。由加斯帕·蒙日与阿歇特(Hachette)合写的名著《二次曲面论》(1802 年初版),几何学家们知道了有心二次曲面的以下两条基本性质:①曲面的所有平面截线都是圆锥曲线,并且平行的平面截出相似的圆锥曲线(就是说形状完全相同,只是大小有别);②存在两个不同的方向,在这两个方向上用平行平面束截得的圆锥曲线都是圆。这第二条性质导致了光学中令人惊奇的新发现。

图 1 的菲涅耳波曲面模型说明了内叶与外叶是如何在四个奇点处接触的,模型展示了其中两个奇点。在这个模型中两叶之间的空间都被补全了,而实际上这个模型其实是一个实心立体的四分之一,立体的内外表面组成了菲涅耳波曲面。使用玻璃激光蚀刻技术,奥利维尔·拉布斯(Oliver Labs)做出了更完整的菲涅耳曲面模型,更好地展示了几何结构(图 2)。这个模型因使用非物理参数设计而闻名,这是为了使奇点周围的形貌明显。透明的玻璃使我们更容易看清穿过奇点从曲面内部到曲面外部时形成的锥形结构。

麦卡拉(MacCullagh)在都柏林的同事,天文学家威廉·罗文·哈密尔顿,率先意识到这个构造可能会在光学中产生的后果。威廉·罗文·哈密尔顿指出菲涅耳曲面有对

---

① Knörrer,1986 年。

图 1　菲涅耳波曲面的内部截口模型，其中可见两个奇点

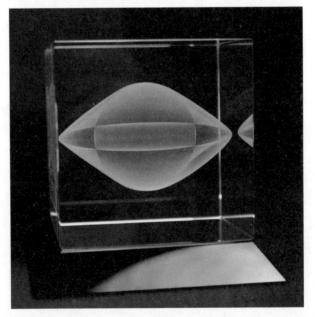

图 2　用激光蚀刻制成的菲涅耳波曲面模型（经奥利维尔·拉布斯实验室许可）

应于四个奇点的四个"奇异切平面"。作为注意到这一点的人，他做出了一个令人震惊的预言。通常，穿过双轴晶体的光速会经历双折射，这与由曲面的两叶表示的速度差相对应。然而，沿着与曲面的奇点与奇异平面对应的两个特殊方向，几何曲面令人猜测光线

应该分散成一个光锥,这个现象后来被称为"锥面折射"。1832 年 11 月,威廉·罗文·哈密尔顿与他的同事,都柏林的一位实验光学家汉弗莱·劳埃德(Humphrey Lloyd)讨论了这一理论结果,汉弗莱·劳埃德在不到一个月之后就证实了这条预言。人们有理由相信,这项证实就此终结了对菲涅耳理论的怀疑,但情况并非如此。在大不列颠,大卫·布鲁斯特(David Brewster)终其一生都坚持研究光的漫射理论(他于 1868 年去世)。

## 库默尔曲面

这些与菲涅耳波曲面有关的首批发现引发了许多纯粹数学的研究。日后发现,从射影几何的观点看,菲涅耳曲面属于一类特殊的四次曲面。这类四次曲面今天被称为库默尔曲面,是有 16 个二重点与 16 个二重平面的四次曲面①。在 19 世纪 60 年代与 19 世纪 70 年代,制成了若干库默尔曲面的模型,在 Fischer 杂志上出版于 1986 年的两卷本《数学模型》中可以找到其中一些美丽的照片。这个复射影理论容许点、线、面具有虚坐标,哪怕这些虚元素通常是与实元素明显区别开的。19 世纪 40 年代阿瑟·凯莱对于一类他称之为类四面体曲面的四次曲面进行了研究。② 这类曲面具有这样的性质:某个正四面体的四个平面与这种曲面相交于两条圆锥曲线,这两条圆锥曲线经过曲面的四个奇点。菲涅耳曲面是类四面体曲面的特例:两条圆锥曲线中至少有一个是圆,并且这一对圆锥曲线仅与四个平面中的一个交于实点。其余 12 个奇点是虚的,因此总共有 16 个奇点。

19 世纪 60 年代,菲利克斯·克莱因在尤利乌斯·普吕克指导下攻读博士时认识到了这些特殊四次曲面的不同类型(译注:菲利克斯·克莱因于 1868 年取得博士学位,尤利乌斯·普吕克同年去世)。③ 同一时期,库默尔开始发表此后冠以其名的特殊四次曲面的文章。菲利克斯·克莱因与索弗斯·李也研究了它们的性质。④ 库默尔四次曲面有 16 个奇点,这些奇点 6 个一组分布在 16 个奇异平面(也称 trope)上(参见图 3)。这 16 个奇异平面中的每一个都与库默尔曲面相切,并且与曲面相交于一条圆锥曲线,这条交线包含 16 个奇点中的 6 个。因此人们有理由认为这些每 6 个点一组的集合排列在特别巧妙

---

① 不可约四次曲面最多只能有 16 个通常二重点,这是由库默尔本人在 1864 年得到的结果。对于不可约五次曲面,这个最大值是 31,得到这个结果已经是 1980 年,作者是 Beauville。对于不可约六次曲面,这个最大值是 65。对于高于六次的曲面,二重点的最大数目迄今只有一些估计,精确值尚不得知。——译者注

② 哈德森(Hudson),1990 年,第 89－94 页。

③ 尤利乌斯·普吕克,1869 年。

④ 菲利克斯·克莱因,李(lie),1884 年。

的位置上,因为只要 5 个处于一般位置的共面的点就足以确定一条圆锥曲线。事实上,库默尔曲面的奇点与奇异平面组成一个对称构型(16,6),这意思是说 16 个平面中的每个平面都恰好包含 16 个点中的 6 个,并且 16 个点中的每个点都恰好有 16 个平面中的 6 个经过此点。

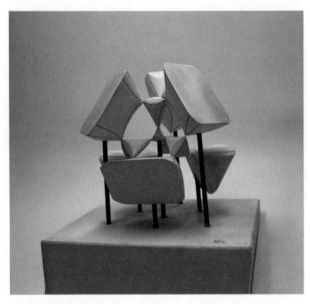

图 3　带 16 个实二重点的库默尔曲面的卡尔·罗恩(Karl Rohn)模型(由哥廷根数学研究所提供)①

　　我们可以把这个极其对称的四次曲面看作由 8 块类似四面体的部件构成:一个四面体在最里面,它的 4 个顶点每一个都邻接着另外一个四面体,还有 3 个外围的四面体在无穷远处彼此相连。在这个模型上,3 个外围四面体的每一个都被平面②截成了两块,这就解释了为何模型上有 6 个外围部件。想象处于相对位置的每对外围部件延伸到无穷远处,并且在无穷远处彼此连接起来,这样就构成了 3 个外围四面体。现在观察离我们最近的这 3 个外围部件,可以看到这 3 个中的每一个都与连在最里面的四面体的前表面上的 3 个四面体中的 2 个有 2 个公共顶点。这就给出了 6 个二重点,模型显示这 6 个二重点共面。显然这就是 16 个奇异平面之一,奇异平面是与曲面交于一条圆锥曲线的切平面,在模型上画了出来(图 4)。以同样的方式,取坐落在平行于最里面的立方体的未在照片上拍摄出来的 3 个侧面的平面上的 3 个半四面体,我们就可以在心里构造另外 3 个奇异平面。再者,留意到 3 个外围四面体中的每一个与 4 个中间四面体中的每一个都恰好有一个公共顶点,这就解释了曲面奇点的结合构型(16,6)的完全对称性。接下来用射

---

①　卡尔·罗恩,1877 年。

②　此处指无穷远平面。——译者注

影变换把最里面的四面体替换成 3 个外围四面体之一,就可以让其余 12 个奇异平面显现,加上之前已经看到的 4 个奇异平面,因此一共得到 16 个奇异平面。

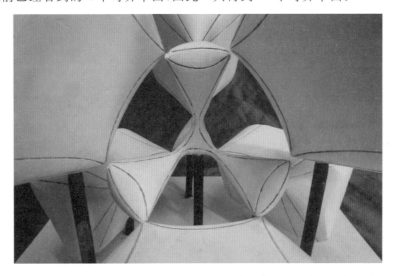

图 4　卡尔·罗恩模型特写,显示了一个包含一条经过 6 个二重点的圆
锥曲线的奇异平面(由哥廷根数学研究所提供)

# 参 考 书 目

Fischer G.（dir.）,1986,*Mathematische Modelle*,2 Bde.,Akademie Verlag,Berlin.

Hudson，R. W. H. T.,1905,*Kummer's Quartic Surface*,Cambridge University Press,Cambridge,ré—imprimé en 1990.

Klein F. et Lie S.,1884,《 Ueber die Haupttangentencurven der Kummer'schen Fläche vierten Grades mit 16 Knotenpunkten 》,*Mathematische Annalen 23*,p. 198—228.

Knörrer H.,1986,《Die Fresnelsche Wellenfläche,Arithmetik und Geometrie 》,*Mathematische Miniaturen*,vol. 3,Birkhäuser,Basel,p. 115—141.

Plücker J.,1869,《Neue Geometrie des Raumes gegründet auf die Betrachtung der geraden Linie als Raumelement》,*Zweite Abteilung*,Klein F.（dir.）,Teubner,Leipzig.

Rohn K.,1877,*Drei Modelle der Kummer'schen Fläche*,3 S.,Darmstadt,L. Brill.

# 常曲率曲面

是图腾，是剪影，是萌芽……，到访亨利·庞加莱研究所图书馆的客人们在 Kuen 曲面前惊叹不已，思如泉涌。于是对藏品参观者来说，先听取他们的想法，再解释这个古旧木质模型表示的是常曲率曲面（的一部分），不失为一件乐事。

罗杰·曼苏伊
（Roger Mansuy）

每个人都理解平面或球面总是以同样的方式弯曲，每个数学初学者最终都会承认伪球面——Kuen 曲面在玻璃橱柜里的邻居——同样具备这条性质，但是对 Kuen 曲面能够直观地察觉到这一点的人很罕见。这个雕凿过甚的，"奇异"的曲面，怎么会是常曲率呢？为了理解这一点，我们必须引入若干概念，尤其是几种曲率概念(图 1)。

图 1　Kuen 曲面

首先约定一下数学框架:本章中考虑的几何学称为微分几何(与其他种类的几何学相对,例如多面体的组合几何或者在曲面上画直线的代数几何);此处关心的是如何定义曲面的度量性质:切触(注:严格地说,切触不是度量性质)、长度与曲率。从技术上讲,必须假定曲面充分光滑(也即定义方程与其他参数化可以求足够多次导数以保证能够在这个曲面上做微积分)。首位切实灌溉了这片园地的数学家是那位无法回避的高斯(Gauss,1777—1855)。但许多主要进展要归功于黎曼(Riemann,1826—1866),以至于有黎曼几何学的说法。自 1850 年起,意大利几何学派提供了大量曲面及相关性质的例子,其中几例我们将在章末引用。因而本章将把时间轴游标稳固地放在 19 世纪。

在投入理解曲面曲率的探索之前,从描述平面曲线这一更简单情形开始也许是有启发性的。为了刻画曲线 $C$ 在其上一点 $M$ 的邻域内的样态,我们从画切线开始,如果存在切线,那么它就是在 $M$ 附近最接近曲线 $C$ 的直线。这个一阶近似提供了这条曲线的有限信息,如果我们找到那个在 $M$ 附近最贴近 $C$ 的唯一的圆,那就能得到更精细的近似。这个圆,汉语中称为"密切圆",法语称为"osculateur",来自于拉丁语的 osculatio,意为"亲吻"。密切圆显示了曲线 $C$ 的弯曲方式。如果这个圆很大,那么这个圆在 $M$ 附近的部分看上去就很平,从而所研究的曲线 $C$ 在 $M$ 的附近也就很平;反之,一个很小的半径就意味着哪怕在很小的尺度上也有一段肉眼可见的很弯的弧。在这个直观意义下,曲率与密切圆的半径成反比。于是,为了更定量化地看问题,我们引入密切圆半径的倒数:平面曲线 $C$ 在点 $M$ 处的曲率就等于这个量,至多相差一个符号(这个符号表明我们弯向一侧还是另一侧)。如果所研究的平面曲线本身就是圆,那么其上每个点的曲率都等于圆的半径的倒数;直线的曲率处处为零;绝大多数曲线的曲率随着其上点的移动而变化。

借助于有效的解析计算方法(这里隐藏着导数与微分,微分几何的名称由此而来),曲率概念的这一直观导引当然可以得到更严格的表述。在这个更精确的框架下,可以发现与运动学的联系,并且可以证明曲率正对应于沿着曲线运动的动点的角速度(注:此处假定动点的速率为1)。我们也可以从法线相对于切线选定的定向来理解曲率的符号。

回到三维空间中的曲面 $S$。如上段中的曲线情形一样,我们要在其上一点 $M$ 的邻域内研究曲面 $S$。这次的一阶近似,如果存在的话,是过 $M$ 的一个平面,称为切平面。经过点 $M$ 且垂直于这个平面的直线,自然就称为曲面 $S$ 在点 $M$ 处的法线。为了更好地理解曲面 $S$ 在 $M$ 的邻域内的"扭曲"方式,我们从研究曲面上过点 $M$ 的曲线开始。更精确地说,我们用包含法线的平面去截曲面 $S$,对于每一条如此得到的曲线,都重复一次之前做过的平面曲线研究。如此这般,对于这个平面束中的每个平面,$S$ 与这个平面的交线在点 $M$ 处都有一个曲率的数值与之对应。乍看上去这族数有点不好处理,因此我们情愿限制在两个最值上:这族数中的最小值与最大值称为曲面 $S$ 在点 $M$ 处的主曲率。与曲线的情况一样,还是有更精确的方式来引入这些值,但方法远非初等;我们引用一条严格的定义来感受一下难度:曲面 S 在点 M 处的主曲率是与 S 在 M 处的第二基本(二次)形式对应的对称自同态的特征值。读到了这句话,您一定理解为更明智的做法是先从大学教材的汪洋大海中取一册来参阅,读懂这里引用的所有数学概念的定义,然后再来读这些观念的严格阐述。不过在您去找这么一本手册之前,让我们回到图书馆中的例子,继续我们对曲率的初等召唤(注:作者此处用了 évocation 一词)(图 2)。

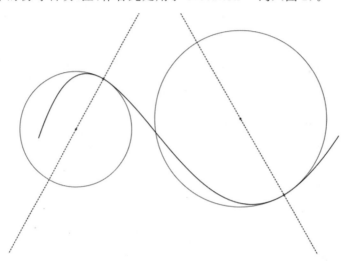

图 2　这张图展示了一条曲线(黑色)及其上两个不同点处的密切圆(红色)

在通常球面的例子里,在球面上一点 M 处所考虑平面与球面的交线全部是过 M 的大圆,每个大圆在 M 处的曲率总是一样的,等于大圆半径的倒数,也就是球面半径的倒数。两个主曲率也就相等,是个严格为正的常数。仍然由于球面伟大的对称性,可见主曲率的取值处处相等,与在球面上考虑哪一点 M 无关。如果把球面形变一点点,拉长成一个椭球面,那么两个主曲率仍然处处为正,但是取值会随所考虑的点与椭球顶点的接近程度而改变。

对于"马鞍"型的双曲抛物面来说,可以看到迥然不同的现象:两个主曲率随着点的移动而改变,但总是取相反的符号(一个取正号,另一个取负号)。让我们在马鞍的"中心"稍息。为了简单起见,把马鞍放在马背上(这匹马帮助我们在空间中定位)。所考虑的点 M 就是当我们想坐稳马鞍时要对准的那一点;如果马站在平地上,那么点 M 处的法线是铅直的。包含马的轴线的铅直平面将马鞍截出一条向上翘的曲线;与这个铅直平面正交的另一个铅直平面(经过马镫的那个)给出一条向下弯的截交线:在这种情况下,两个主曲率取不同的符号,因为有两个方向上的曲率是相反的(图 3)。

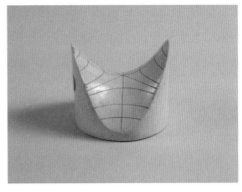

图 3　左侧为椭球面，右侧为双曲抛物面

　　为了更简明起见，有时把两个主曲率代之以更简单但没那么明显的指标；例如两个主曲率的平均值称为平均曲率（因此在形式化框架里，这个指标是前述自同态的迹）；两个主曲率的乘积称为高斯曲率（这次是那个自同态的行列式）。在 Kuen 曲面的情形下，我们感兴趣的正是高斯曲率。章首提到的性质可以重述为：在 Kuen 曲面上的所有点处高斯曲率都等于同一个负值；既具有球面的性质（高斯曲率在有定义的地方处处相等），又具有马鞍面的性质（高斯曲率严格为负）；一边想象着这两条性质的结合，一边凝视着这个曲面，这难道不奇妙吗？

　　当然，这并不是具备这条性质的仅有的曲面；也有其他模型表示常负高斯曲率曲面：迪尼（Dini）螺旋曲面与伪球面。面如其名，迪尼螺旋曲面是乌利塞·迪尼（Ulisse Dini，1845—1918）引入的，可以通过一条初等曲线——曳物线（图 4）的"螺旋运动"而得到。

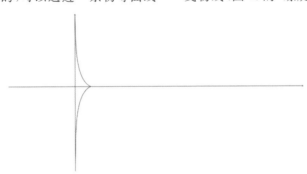

图 4　曳物线

　　这条简单的曲线同样可以生成伪球面，但这次是围绕着定轴旋转。于是可以说伪球面由埃乌杰尼奥·贝尔特拉米（Eugenio Beltrami，1835—1900）为之定名，但在定名之前已经被研究很久了——是个旋转面；用任意水平面去截这个曲面，每个截交线都是圆（假定中心轴线是垂直的）。

　　（注：不难看到 Kuen 曲面、迪尼螺旋曲面与伪球面（图 5）这些常负曲率曲面的模型都有锋利的边缘，也就是说这些模型上都存在无穷多个无法定义曲率的奇点，这是由于

希尔伯特(Hilbert)证明的一条定理说完备的双曲平面不可能等距嵌入三维欧氏空间中。南斯拉夫数学家丹尼洛·布兰卡(Danilo Blanua,1903—1987)于 1955 年给出了完备双曲平面到六维欧氏空间中的等距嵌入,也就是说,在六维欧氏空间中已经可以构造出与 Kuen 曲面、迪尼螺旋曲面(图 6)、伪球面类似的常负曲率曲面,但是性质更好一些,完全光滑,没有奇点。似乎到目前为止我们还不知道是否存在到四维或五维欧氏空间中的等距嵌入。)

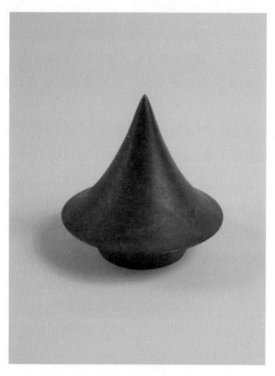

图 5　伪球面

　　尽管就高斯曲率而言这些曲面有着共同性质,可很难说所有这些曲面彼此类似。数学家们重新从方程出发来解释这些共同点。路易吉·比安基(Luigi Bianchi,1856—1928)就是这么做的,他描述了如何使用一个保持曲率的几何变换从伪球面变到 Kuen 曲面。如此一来,对于伪球面上的每个点,都有 Kuen 曲面上的唯一一点与之对应,并且对应两点处的高斯曲率相等,反之亦然。计算是不可阻挡的,但表达方式却足以吓退文人墨客。这个任务就留给职业几何学家们吧! 让我们继续赞叹其他同样令人惊奇的模型、曲面、数学性质、……

图 6　迪尼螺旋曲面

# 直线与曲面

由于日常生活中俯拾皆是，曲面的概念对我们来说是熟悉的。放眼四周，桌面、弹珠、罐头盒子，这些都是我们会即刻与"曲面"这一名称联系起来的事物。然而从数学观点看来，这些只不过是名为"曲面"的理想对象的近似物。想象桌面的厚度为零并且朝所有方向无限延展，这就得到了一个平面；掏空弹珠，只留下它与空气接触的外表面，并且假定这个表面完全光滑，这就得到了一个球面；对罐头盒子施以同样操作，并且去掉盖子和底面，这就得到了一个圆柱面（图1）。

弗朗索瓦·勒

（François Lê）

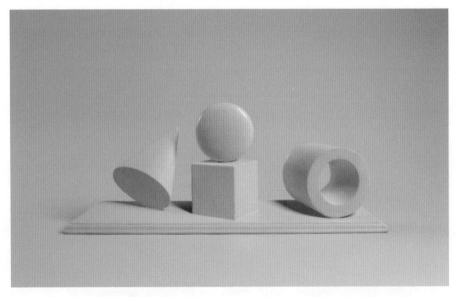

图1　从左到右依次是圆锥面模型、（放在立方体上的）球面模型与圆柱面模型。这些曲面都放在一个平面上

研究这些曲面有个非常实用的方法,就是使用空间坐标。原理是,选定一个点(称为原点),取定由此点出发的三根轴,然后就可以如图 2 所示,给空间中每个点 $M$ 配以唯一的一组坐标$(x,y,z)$。

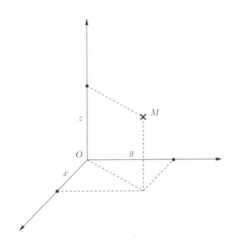

图 2　具有坐标$(x,y,z)$的点 $M$。字母 $x,y$ 与 $z$ 分别表示从
原点 $O$ 到每个用黑色圆圈标记的点之间的距离

装备上这样的坐标之后,空间中的曲面就可以用方程来描写。例如,可以证明平面由只包含坐标之和或差(可能乘以倍数)的方程来定义,就是像 $x+2y-z=0$ 这样的方程,这就是说组成这个平面的点的坐标$(x,y,z)$都满足等式 $x+2y-z=0$。如此,由于 $1+2\times2-5=0$,所以坐标为$(1,2,5)$的点在这个平面上。由于 $1+2\times1-1\neq0$,所以坐标为$(1,1,1)$的点不在这个平面上。类似地,我们可以证明以原点为球心,以 1 为半径的球面可以用方程 $x^2+y^2+z^2=1$ 来表示。

从在身边观察到的相对简单的曲面出发,我们给出了这些曲面的方程。不过也可以提出反向的问题,就是预先任选一个方程,然后尝试研究由其定义的曲面的性质:它长得像什么? 是光滑还是有尖点? 是否有洞? 是不是有界限?

在二次曲面的情形下,数学家们回答这些问题已有几个世纪之久。二次曲面的定义方程,一方面要求 $x,y,z$ 之间只能使用加、减、乘、乘方这些运算(也就是说禁止考虑例如对数或余弦这类运算),另一方面要求每一项的次数不得超过 2。因此方程

$$x^2+y^2+z^2=1; \quad z^2=x^2+y^2; \quad x^2+y^2-z^2=1$$

定义了三个二次曲面。如前所见,第一个方程是球面的方程。第二个与第三个分别是圆锥面与单叶双曲面的方程——最后这个曲面长得就像核电站的冷却塔。

如图 3 与图 4 所示,圆锥面、圆柱面与单叶双曲面有个共同的性质:每个曲面都可以分解为一族直线。换言之,这些曲面是无数条排列巧妙的直线的集合。由于这条性质,这类曲面被称为“直纹面”。

图 3　单叶双曲面模型

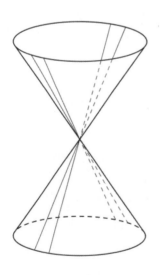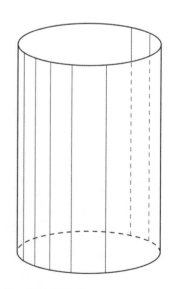

图 4　圆锥面与圆柱面都是直纹面:前者由过顶点的一族直线构成,

后者由与一个圆垂直相交的一族直线构成

　　相反,回过头来考虑球面,就会发现一切都让人感到它不可能是直纹面,甚至都看不出来一条直线如何能够嵌入球面！事实上,有一种数学观点可以确保球面是直纹面。这个观点的(其中一条)要求是允许不仅考虑坐标为实数的点,而且也要考虑坐标为复数的点。于是方程 $x^2+y^2+z^2-1=0$ 所表示的球面不仅包含实数坐标为$(1,0,0)$的点,也包含复数坐标为$(i,1,1)$的点,其中 i 就是著名的虚数,满足 $i^2=-1$。一旦采纳这种观点,我们就可以证明球面是直纹面,进一步得出所有二次曲面都是直纹面!如是,采用复坐标可以使我们得到更一般的结果,但要付出一点代价:具有复坐标的点不再能够如我们习惯的那样画出来了。我们通常采用的球面图示就变得不完整了(因为它只能展现实坐标的点),球面上包含的直线就更不可能表现出来了……

现在来谈谈三次曲面,也即这些曲面定义方程中项的次数不超过 3,例如 $x^3-y^2z+2z^2+3x+4=0$。历史上对这类曲面的研究比较晚,近 19 世纪中叶才开始。与之相对,二次曲面从古希腊时代以来就是主要研究对象,特别是,阿基米德就已经明白了如何计算球、圆柱与圆锥的表面积与体积。

对三次曲面的早期研究有着重大贡献的数学家之一是阿瑟·凯莱。他研究了一类直纹三次曲面,图 5 展示了这种曲面的一个模型。

图 5  一个直纹三次曲面的线材模型

与二次曲面不同,三次曲面不全是直纹的(哪怕使用了复坐标)。事实上,除了例外的情形,三次曲面只包含有限多条直线。还有更好的结论:(几乎所有)三次曲面都包含同样数目的直线,即 27 条。然而应该留意这一事实:仅当使用复坐标时这一结论才是对的。也就是说,有时这 27 条直线中有若干条不能在模型上具体表现出来(图 6)。(几乎所有)三次曲面上存在 27 条直线的定理是 1849 年在阿瑟·凯莱与同事沙尔孟的书信往来中证明的[①]。

---

① 另一方面,如果曲面的定义方程中有一项的次数大于或等于 4,那么这个曲面上一般不会包含任何直线。

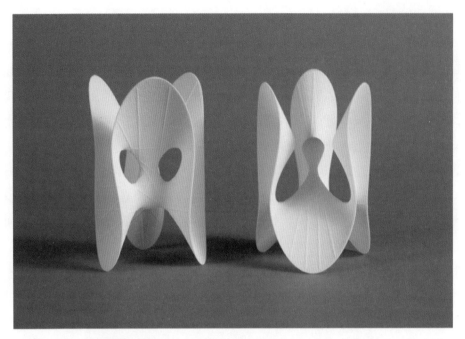

图 6　左边的曲面模型上标出了 27 条直线，而右边的曲面模型上仅能标出 7 条，另外

　　　20 条是由复坐标的点组成的

　　例外情形：一方面是直纹三次曲面（包含无穷多条直线），另一方面是带奇点的三次曲面，这些曲面有尖点或者挤压的形状（如图 7 中两个模型上的特殊部位）。这后一类三次曲面仍然包含有限多条直线，只是少于 27 条。

　　27 条直线的定理受到了 19 世纪一些数学家的热烈欢迎。例如西尔维斯特在 1869 年写道：

　　　　阿基米德将圆柱、圆锥与球面刻在他的墓碑上，我们出色的同胞也能以同

　　样正当的理由立下遗嘱，将带 27 根直线的三次曲面（注：西尔维斯特此处特地

　　造了一个词 eikosiheptagramme cubique）刻在他们的墓碑上。

　　但三次曲面的早期研究，包括 27 条直线的存在性的证明，仍然十分抽象。于是接下来就提出了关于曲面形状及其上 27 条直线的配列方式的问题。西尔维斯特已于 1861 年通过有机的比喻表达了建造这一构型的铁丝模型的意愿：

　　　　我想用铁丝或者黄铜丝搭建这 27 条直线的系统……，这样我们就可以用

　　肉眼看到（三次）曲面上的所有直线（可以说是骨骼），体验到出乎意料的乐趣。

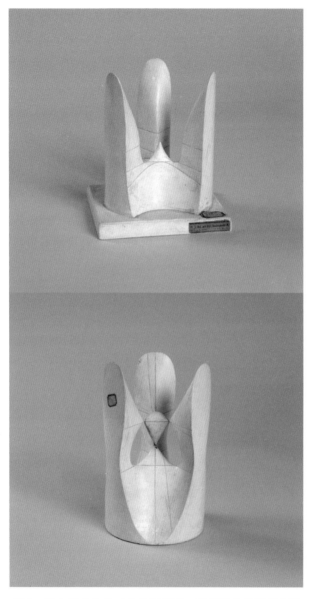

图 7　两个带奇点的三次曲面模型。底下这个是凯莱曲面

看来西尔维斯特本人之后未能实现这样的模型，但其他数学家（包括阿瑟·凯莱）对这个问题产生了兴趣并开展了研究，旨在为具体构造提供充分的数值信息：这些数值一方面要足够精确，使得制成的形状能够忠实于现实，另一方面又要确保全部 27 条直线可以在合理的空间范围内都表示出来。

在本章结束之际，我们还要提到德国数学家阿尔弗雷德·克莱布施的名字，他对几何学，尤其在三次曲面这一主题上做出了重大贡献。对于阿尔弗雷德·克莱布施而言，几何直观在数学中起着本质作用，因此模型对于深入理解曲面来说是极其重要的。阿尔弗雷德·克莱布施也常常寻求将几何观点引入那些看上去远离几何的数学领域。于是在与代数方程论(旨在理解一元方程的性质的代数分支) 相关的研究中他发现了一类比较特别的三次曲面,他称之为"对角曲面"。在他之后,这类曲面被重新命名为"克莱布施曲面"或者"克莱布施对角曲面"。

1872 年,阿尔弗雷德·克莱布施制成了一个带 27 条直线的对角曲面的石膏模型,在哥廷根科学院的一次集会上他展示并描述了这一模型。这个模型尔后成了众多三次曲面模型的标志。例如,那个时代伟大的德国数学家、阿尔弗雷德·克莱布施的学生菲利克斯·克莱茵把这个模型带到 1893 年芝加哥世界博览会上展出。如今人们可以在世界各地的多处藏品中找到克莱布施对角曲面模型。特别是在亨利·庞加莱研究所的收藏中有一系列 45 个三次曲面的模型,相当于三次曲面 45 种可能的形状。

# 复数不复杂!

复数,也称虚数,在数学中无处不在。这篇简短的引言邀请您在算术、代数、几何与分析问题的核心领域探索复数。在亨利·庞加莱研究所图书馆的模型藏品中便可常见某些虚函数的身影。

奥雷利安·阿尔瓦雷斯

(Aurélien Alvarez)

## 从寻常的数到复合的数

我们在幼儿园里就学数数,还会比赛谁数得更多。在小学阶段,我们进一步熟悉自然数 $1,2,3,\cdots$,我们一边学习把它们相加,一边理解到最大的自然数是不存在的。我们甚至还会两个自然数的减法,只不过……是在被减数大于减数的情况下。要等到上初中才能发现全体整数,也就是说不仅有 $1,2,3,\cdots$,还有它们的相反数 $-1,-2,-3,\cdots$。随后我们就来到了学习著名的符号法则的阶段,有了符号法则,我们就可以把乘法从自然数扩展到整数了。我们要着重学 $(-1)\times(-1)=1$,概括说来也就是"负负得正"这条规则。符号法则对整数适用,同样也对小数适用,甚至那些在小数点后有无穷多位的数也遵从符号法则。

那么,对于小数的集合,是否可以给出几何表示呢?小菜一碟:只要画出一条横轴就足够了,负数在零的左边,正数在零的右边。全体小数所成的集合就是可以施行加、减、乘、除四则运算的实数集(当然,不包括除以 0 这种特例!)(图 1)。

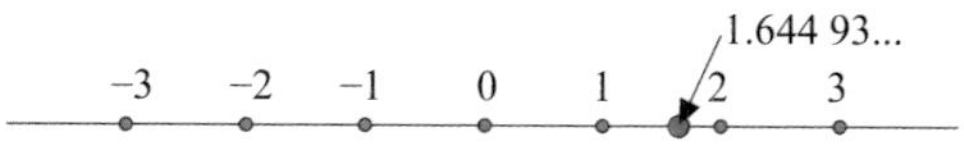

图 1

数的故事原本可以到此为止。可是在高中时代,我们学到还存在着另外的数,传统上记成 i,比如 $i^2 = -1$。我说,这怎么和"负负得正"的至圣法则全然矛盾?因为我们被教导,被告知,被反复强调,无论一个数是正还是负,这个数的平方都是正数。

这使得代表复数的符号 i 平添了几分神秘的色彩,因为这个符号强调的是虚数(nombre imaginaire)。纵然如此,我们总归还是拥有加、减、乘、除的权利[①],结果就得到一族全新的数,形如 $x+iy$,其中 $x$ 与 $y$ 都是实数,并且 i 满足 $i^2=-1$,这些数就是复数。虽然早在文艺复兴时期,在为一些看似无解的方程寻解的代数学家们的著作中,某些复数就已有过惊鸿一瞥[②],可直到 19 世纪初复数才最终被认为是数学舞台上完全合法的角色。不幸的是,"虚数"与"复数"这样的术语保留了下来。哪怕曾经需要想象力与勇气来思考这些数,它们也绝不比实数更复杂[③]。

## 复数的几何学解释

复数的用处,除了可以为代数方程提供解之外——例如方程 $x^2-2x+2=0$ 中的 $x$ 无实解,但是有两个复数 $-1+i$ 与 $-1-i$ 却满足此方程的解,由此复数也在代数与几何之间开辟了对话渠道。事实上,正如同实数可以参数化一条直线一样,复数可以参数化一个平面。

让我们试着理解为什么,首先试问以虚数 i 为坐标的点应该是平面上哪一点?为此我们回到实点构成的横轴上(图 2)。取一个实数 $x$,将其乘以 $-1$ 时发生了什么?$x$ 被送往它的相反数 $-x$,数轴上的 0 点则原地不动。从几何学角度说,可以把乘以 $-1$ 想成以 0 点为中心的 180° 旋转。

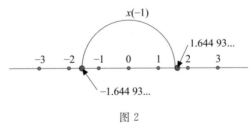

图 2

如果现在回忆一下 $-1=i^2=i×i$,那么把乘以 $-1$ 想成是以 0 点为中心的 90° 旋转看起来就很自然了。于是第一次乘以 i,然后再一次乘以 i 就相当于以 0 点为中心接连做两次 90° 的旋转,这就等同于 180° 的单个旋转,对应于乘以 $-1$。

总而言之,等式 $i^2=-1$ 用几何语言表达就是这个意思:两个以 0 点为中心且角度为

---

① 还是永远不能除以 0。——译者注

② 马兹尔(Mazur),2004 年。

③ 另外,我们可能会问,思考在小数点后那无穷无尽的数究竟有何现实意义……,在小数点之前放上无穷无尽的数也是很自然的。不过这就又该另当别论了!

$180° \div 2 = 90°$ 的旋转的复合就是一个以 0 点为中心且角度为 $180°$ 的旋转。将横轴上任意实数乘以 i，就得到位于纵轴上的新数（图 3）。任意复数都可以用唯一的方式写成 $z = x + iy$，其中 $x$ 与 $y$ 都是实数，分别称为复数 $z$ 的"实部"与"虚部"，这一事实用几何语言表达，就是平面上任意一点都可由两个坐标——横坐标 $x$ 与纵坐标 $y$ 唯一确定。最后，即便要到高中阶段才正式学到，复数也以某种方式为所有初中生所知了。

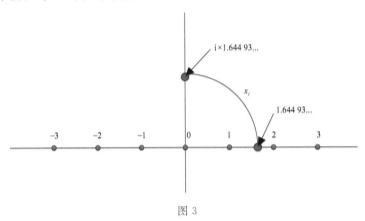

图 3

然而，几何观点带来的伟大革新其实在于此后我们就可以对平面上的点做算术了，可以把两点相加、相减、相乘、相除了。这场几何与代数之间的"联姻"是最丰饶多产的数学思想之一，是通往新的研究领域——代数几何的入口。

## 极简单的公式可以极复杂

复数对于许多科学家与工程师来说是极其有用的，对于以多种方式运用它们的数学家来说同样不可或缺。例如考虑函数族 $f_c : z \to z^2 + c$，其中 $z$ 和 $c$ 是两个复数。对于每个给定的复数 $c$，观察由递推式 $z_0 = 0$ 和由 $z_{n+1} = f_c(z_n)$（其中 $n$ 取遍全体自然数）定义的点列。具体地说，就是观察点列 $0, f_c(0) = c, f_c(f_c(0)) = c^2 + c, f_c(f_c(f_c(0))) = c^4 + 2c^3 + c^2 + c$，那么以下两种情况必居其一：

（1）或者序列 $\{z_n\} n \in \mathbf{N}$ 中的点逃脱到无穷远处，此时点 $c$ 属于 $A$ 类。

（2）或者这序列中所有的点都位于到原点 $O$ 的某个有限距离之内，此时点 $c$ 属于 $B$ 类。

如果现在画出 $B$ 类点 $c$ 的平面图，那就得到一个丰富到不可思议的集合，而时至今日，我们还远远不能充分理解这个集合。作为分形理论的标志，图 4 名叫曼德布劳特（Mandelbrot）集，以它为主题的研究与科普文章汗牛充栋[1]。反复迭代一个变换，并且试

---

[1]　例如，沙里塔（Chéritat），2010 年，或利斯（Leys），2010 年。

图理解大量迭代后的行为,这正是动力系统理论的研究对象,数学研究的这一领域是由亨利·庞加莱在 19 世纪末创始的。

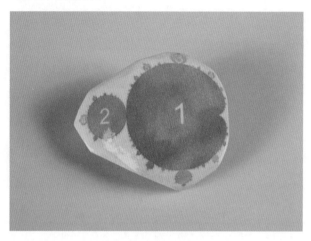

图 4　亚历山德罗夫－曼德尔布劳特集集合的草图,洛朗·巴托尔德制于 2014 年

## 从复数到复变函数

如果在科学中数起到了核心作用,那么数值函数在科学中的地位也是当仁不让的。在最一般的语境下,自变量 $x$ 的数值函数 $f$ 给出了依赖于 $x$ 的唯一一个数 $f(x)$[①]. 依据不同的语境,函数具有或多或少的正则性,例如可微性。对于一个给定的函数,如果想要形成关于这个函数的第一层直观印象,可以寻求方法将它用图像的方式表示出来。比方说,如果 $x$ 是个非零实数,那么可以试着描出反比例函数 $x \to 1/x$ 的图像。横轴代表自变量 $x$ 变动的范围,纵轴可以将函数取到的值 $y$ 表示出来。

继续考虑这个函数,但是从现在开始想象自变量是个复数[②]。如何画出函数 $z \to 1/z$ 的图像呢? 如果还想沿用与之前同样的招式,那我们就必须有个四维空间。[③] 因为我们已经看到描述一个复数需要两个参数,描述它在所考虑函数之下的图像又需要同样多的参数。

与其直接表示,不如让我们来关心一下反比例函数的实部与虚部。这两个函数还是复变量的函数,但取实数值。更精确地说,我们有 $z \to \mathrm{Re}(1/z) = x/(x^2 + y^2)$ 与 $z \to \mathrm{Im}(1/$

---

① 　因此对于 21 世纪的数学家而言,函数按照定义就是单值的。

② 　仍是不为 0 的,您该猜到了!

③ 　有关于此可参看电影《维度:数学漫步》(*Aurélien Alvarez，Étienne Ghys fet Aurélien Leys*,2008),此片将带您漫步四维空间,复数在此片的第二部分占主导地位。

$z)=-y/(x^2+y^2)$，其中 $z=x+\mathrm{i}y$。如果在实部函数中把 $x$ 换成 $-y$，把 $y$ 换成 $x$，也就是施加以顺时针方向 $90°$ 的旋转，那么实部函数就变成虚部函数，因此两个函数在通常的三维空间中画出形状相同的两个曲面（图 5）。

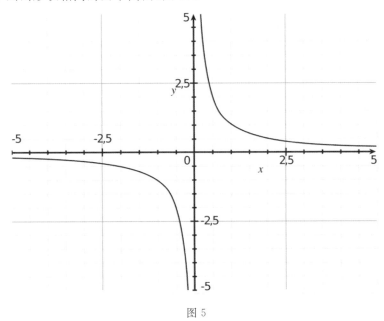

图 5

用这个分别研究实部与虚部的小妙招，任何一个复变量的复函数都可以通过两个曲面来表示。函数的图像表示当然给出了一点有用信息，但一般说来，这对于全面理解所研究的函数来说还是远远不够的（图 6）。

图 6

# 从通常空间中的曲面到黎曼曲面

1 的平方根是什么？根据定义，一个数 $z$ 的平方根是满足 $w^2 = z$ 的数 $w$。因此这个问题有两个答案：$+1$ 与 $-1$。更概括地讲，若 $z$ 是一个非零复数，则存在 $z$ 的两个平方根。如果其中之一是 $w$，那么另一个就是 $-w$。平方根是一个多值函数①，这就是说，这个函数将每个非零复数同时对应到两个相反的复数 $w$ 与 $-w$。②

跟随着 19 世纪中期黎曼的足迹，数学家们学会了研究抽象曲面，就是那些不一定能在通常空间中完全自然地表现出来的曲面（译注：这里表达"完全自然地"的原文是"sans artefact"，指没有变形，不造作，不勉强）。就这样，黎曼曲面的观念从全纯函数③的语境中诞生了。每个多值函数（比如平方根函数）定义了某个特定黎曼曲面上的一个单值函数。这么做需要研究像黎曼曲面这样更抽象的对象，可以把问题重述为现代意义上的函数，也即在定义域中的每一个点上取一个且仅取一个值的函数。关于黎曼曲面，我强力推荐亨利·保罗（Henri-Paul）和圣·杰维斯（Saint-Gervais）（2010 年）的著作，这本书重温了 19 世纪的数学珍宝之一：Poincaré-Koebe 单值化定理。

## 一类复变函数的秘密

如果存在无穷多个自然数，那么自从欧几里得以来我们同样知道存在无穷多个素数，这个无穷序列的前几项是 $2, 3, 5, 7, 11, \cdots$。欧几里得用归谬法对此给出了一个优雅的证明：如果只存在有限多个素数，我们就可以作成一个全部为素数的列表，然后从中构造出一个不在原先列表之内的新的素数。多么简短却令人无法反驳的论证。

接下来，如果让我们拉个素数清单自娱一下（起码要依赖手头可用的计算工具做一个尽可能长的清单），那么我们很快就会感受到素数在自然数中似乎以一种非常难以预料的逻辑随机出现。理解素数的分布至今仍然是最困难的数学问题之一，也是数论的主要问题之一。乍看之下令人震惊的是，这一问题的精确表述要借助复数，这一表述以黎曼假设之名为人所知。

---

① 因此按照如今绝大部分数学家所使用的定义，这就不是一个"真正的"函数。

② 这是实变函数的可微性在复变函数理论中的类推概念，从几何上讲，就是说函数的导数是个无穷小尺度上的相似变换，从而保持形状。

③ 这是实变函数的可微性在复变函数理论中的类推概念，从几何上讲，就是说函数的导数是个无穷小尺度上的相似变换，从而保持形状。

1859 年黎曼发表了研讨此问题的论文，此后这条猜想成了无数数学进展的共同主线。有胆量的读者可以阅读以下插框。

正如定义实指数函数一样，可以取 $s$ 的复指数函数，因此可以考虑 $2s, 3s$ 等。自从欧拉与黎曼以来，人们对级数尤其感兴趣

$$\zeta(s) = \sum_{n=1}^{\infty} \frac{1}{n^s}$$

这个级数对于实部严格大于 1 的所有复数 $s$ 绝对收敛。如此就定义了一个与前文所见函数一样的复变量函数。一个非常自然的问题是，函数 $\zeta$ 的定义是否可以解析延拓到任意复数 $s$ 上，而不是仅对那些实部严格大于 1 的复数有定义。在 $s=1$ 的情形下，我们就见到这样的一个级数

$$\sum_{n=1}^{\infty} \frac{1}{n}$$

要证明数量为无穷大是道本科生要做的习题。尽管这看似起了个坏头，可这个函数 $\zeta$ 却有一个除去 $s=1$ 情况以外的整个复平面上的解析延拓，而 $s=1$ 是函数的一个极点，函数在极点的邻域内以非常可控的方式趋于无穷。于是在 $s$ 不等于 1 的情况下，$\zeta(s)$ 则是一个定义良好的复数。例如对于 $s=-1$，可以计算出来 $\zeta(-1)=-1/12$，以至于一些淘气鬼写出了如下式子来作弄人

$$\zeta(-1) = \sum_{n=1}^{\infty} \frac{1}{n^{-1}} = \sum_{n=1}^{\infty} n = 1 + 2 + 3 + \cdots = \frac{1}{12}$$

通过前文的插框，我们应当记住的是，存在一个对于除 1 之外的全体复数 $s$ 都有定义的全纯函数 $\zeta$，称为黎曼函数，当 $s$ 的实部严格大于 1 时，这个函数还可以通过前述级数来计算（图 7）。素数分布与黎曼函数的零点集，即满足 $\zeta(s)=0$ 的复数 $s$ 的集合有直接联系。黎曼假设就猜想 $\zeta$ 函数的（非平凡，指所有变元都为零的）零点的实部都等于 $1/2$。这不是难以置信吗？原先截然不同的两个世界，素数分布与复变函数的零点，竟然分享着共同的秘密 …… 这门数学（译注：此处原文特地使用了法语中数学一词的单数形式 *la mathématique*，而非常见得多的复数形式 *les mathématiques*，以强调数学的统一性。）令人震惊的统一性，无论怎么强调都不为过。

用一个谜题来结束本章：您是否已经认出来文章最初几幅插图中小数展开以开头的数 1.644 93 了呢？这是 $\zeta(2)$，也就是欧拉发现的美丽公式

$$\sum_{n=1}^{\infty} \frac{1}{n^2} = \frac{\pi^2}{6}$$

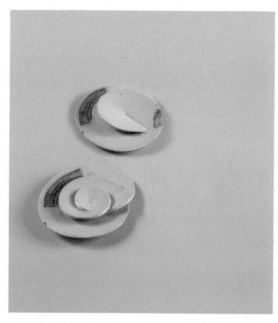

图 7　这两个模型分别展示了平方根函数和立方根函数下的黎曼曲面
（从技术角度讲，它是非零复数之上的二、三阶分支覆盖层）

# 参 考 书 目

Alvarez A. , Ghys É. et Leys J. ,2008, *Dimensions, une promenade mathématique*
　　http://www. dimensions-math. org

Chéritat A. ,2010,*L'ensemble de Mandelbrot Images des Mathématiques*,
　　http://images. math. cnrs. fr/L-ensemble-de-MandelbrotCNRS.

Leys J. ,2010,*Benoît Mandelbrot. Un hommage en images Images des Mathématiques*,
　　http://images. math. cnrs. fr/Benoit-Mandelbrot CNRS.

Mazur B. ,2004,*Ces nombres qui n'existent pas. Les mathématiciens sont-ils des poètes?*
　　traduit par Christian Jeanmougin, Dunod.

Saint-Gervais H. P. de, 2010,*Uniformisation des surfaces de Riemann. Retour sur un theorème centenaire*,Éditions de l'ENS Lyon.

# 四维几何中的图形与模型

直到 19 世纪中叶为止,几何学都在研究不超过三维的对象。我们称之为"超空间"的高维空间在 19 世纪进入了数学的各个领域。黎曼在 1854 年获得特许任教资格并进行演讲之后,被第四维度激起的兴趣在 19 世纪中期的数学家间表现得尤为明显。

艾林·波罗一布兰卡
(Irène Polo Blanco)
海琳·威尔金森
(Hélène Wilkinson)

正是在这次演讲中黎曼阐述了 $n$ 维流形的观念,推广了高斯引入的曲面概念;讲稿在黎曼之后由理查德·戴德金(Richard Dedekind)发表。他在这场演讲中几乎没有给出什么数学细节,而是陈述了大量关于"何为几何"的想法。随着越来越多地借助于分析与几何方法,向更高维数的过渡也就水到渠成了。

## 第四维度的大众化

从此以后,一些数学家把他们的理论推广到 $n$ 维,高维空间激起了人们极其强烈的兴趣。早在 1885 年就已经出现了几篇出自数学家之手的同主题文章,作者中有威廉·克利福德(William Clifford)与阿瑟·凯莱。在 1904 年霍华德·辛顿(Howard Hinton)出版了一本书《第四维度》来科普这个主题。霍华德·辛顿是数学教师,他同时从数学与哲学两方面来讨论第四维度的问题。[1]

他将超立方体的展开图命名为"tésséract",这是三维立方体的骨骼的四维类似物。(译者注:在标准术语中 tésséract 是指超立方体本身,而不是超立方体的展开图,请读者注意。另外作者对"骨骼"一词的用法也不确切。)图 1 所示的 tésséract 模型是本所的藏品。

---

[1] 见艾林·波罗一布兰卡,2008 年。

图 1　超立方体展开图或称 tésséract

　　另一部对普及第四维度功勋卓著的著作是 19 世纪的一部英语数学小说,题为《平面国:多维奇遇记》,由埃德温·艾勃特(Edwin Abbott)创作于 1884 年(图 2)。这部虚构小说激励读者去想象一个二维生物阿方(译者注:小说角色名,是个正方形二维生物),去发现阿方生活的二维世界。在这个故事里,阿方碰上了一个三维球体,因而在三维遭遇了世界的现实。在小说摘要中,阿球(译者注:小说角色名,是个球体三维生物。在 2007 年电影版中这个角色是球面而不是球体。在英文原著中阿球与阿方都是男性,但是法语中 la Sphère 是阴性名词,于是阿球这个角色在法文版中成为女性)穿透平面国,向阿方展示她的圆形截面,试图对他解释她的三维本性。

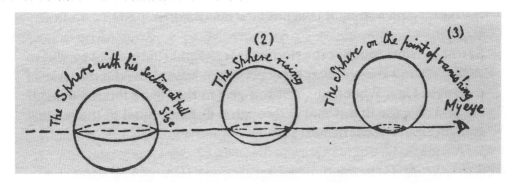

图 2　阿球穿透平面国,留下一系列圆形截面,埃德温·艾勃特,1884

　　阿方在设想高于二维的现实时遇到的困难,与读者在设想高于三维的现实时遇到的困难是差不多的。故事的结局就很生动地说明了这一点:阿方谈论起四维物体的三维投影,阿球怒斥:"一派胡言!"①

———————————

① 　埃德温·艾勃特,1884 年。

# 第四维度的可视化：多胞形的投影

这个第四维度说的到底是什么呢？不妨尝试通过观察四维物体，比如所谓"多胞形"来把握这个概念。多胞形是从多面体构造出来的，就如多面体从多边形构造出来一样。正多胞形是柏拉图立体（立方体、正四面体、正八面体、正十二面体、正二十面体）的四维等价物，一共有六种：超立方体、超正四面体、超正八面体、正24胞体、正120胞体、正600胞体，是路德维希·施莱夫利（Ludwig Schläfli）于1850年率先发现的（1901年在他死后发表）。（译者注：多胞形，英语是polytope，通常指任意有限维的平直边界的有界图形。专指四维多胞形的话，英语有polychoron一词，汉语中习称"多胞体"。但本章中的"多胞形"一词就是专指四维多胞形。德国数学家Reinhold Hoppe造了Polytop这个词，下文中提到的英国数学家艾丽西亚·布尔·斯托特（Alicia Boole Stott）将其引入英语成为polytope。）

让我们来仔细检视最简单的多胞形之一，例如超立方体。为了理解其结构，可以观察它的展开图（图3），也可以将它与立方体的结构相比较。三维立方体可以通过沿着与正方形所在平面垂直的方向移动这个正方形而得到（图3(a)）。以同样的方式，超立方体可以通过沿着与立方体所在空间垂直的方向移动这个立方体而得到（图3(b)）。

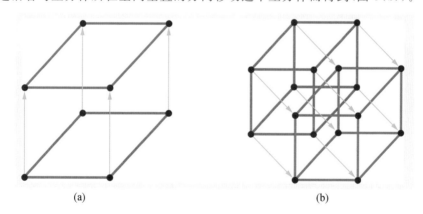

(a)        (b)

图3 通过移动红色正方形来实现一个立方体（图(a)），通过移动红色立方体来实现一个超立方体（图(b)）（Polo-Blanco和Rogora，2014）

斯特林汉姆（Stringham）在1880年的作品是已知第一批四维物体投影的图解之一。如图4所示，斯特林汉姆提出了一种表示正多胞形的方法，就是有一个公共顶点的若干正多面体（第一行）及其投影（第二行）。（译者注：法文版的这一句把polyèdres与polytopes两个词弄反了，这再次表明高维几何的术语现状有多么混乱。）

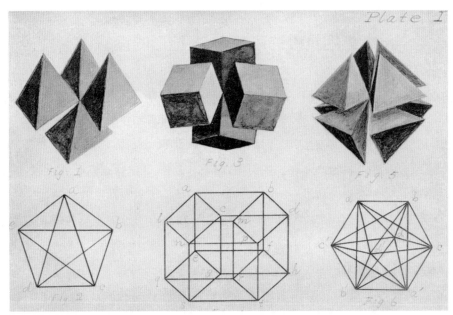

图 4　从左到右:超四面体或称正 5 胞体,超立方体或称正 8 胞体,

超八面体或称正 16 胞体（斯特林汉姆，1880）

　　Victor Schlegel 在 1884 年的工作带来了另一种四维图形表示法的发现。Schlegel 使用了"中心投影"的想法。在四维图形的其中一个三维胞腔的外面选定一个投影中心,然后把整个多胞形投影到这个胞腔里面。本所的藏品中有一些模型可以让我们欣赏到 Schlegel 的投影,例如图 5 展示的那些。

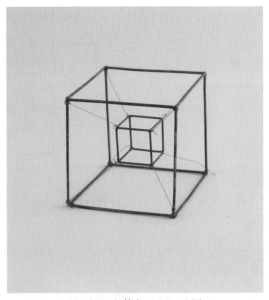

(a) 超立方体与 Schlegel 图

图 5

(b) 24 胞形的 Schlegel 图

续图 5

## 艾丽西亚·布尔·斯托特的卓越贡献

我们也可以通过求解若干截口来获取有关四维物体的信息。用一个平面去截立方体,就能得到立方体的二维截口,也就是通常所说的截面,以完全相同的方式,用一个三维空间去截超立方体,就能得到超立方体的三维截口。数学爱好者艾丽西亚·布尔·斯为这个思想贡献良多。

1860 年她出生于爱尔兰 Castle Road,在著名逻辑学家乔治·布尔(George Boole)和他妻子玛丽·埃弗勒斯·布尔(Mary Everest Boole)的 5 个女儿中排行老三。乔治·布尔死于 1864 年,那时艾丽西亚年仅 4 岁。11 岁时艾丽西亚搬到了伦敦,与母亲和姐妹们生活在一起。那时玛丽·埃弗勒斯·布尔接受了数学家霍华德·辛顿的思想。他常常堆积木让布尔家的五朵金花来想象四维超立方体。艾丽西亚很快就以她对第四维度的直观能力震惊了霍华德·辛顿,这种练习后来在她的研究中给了她巨大的启发。(译者注:这段历史作者有点语焉不详。布尔家族是赫赫有名的书香门第,各方姻亲中也学者辈出。玛丽·埃弗勒斯·布尔本人命途多舛,自强不息,是自学成才的数学教育家,在子女教育上取得了不俗的成绩,本节主人公艾丽西亚虽然没有上过学,但在早年就展露出数学才华,很大程度上是因为玛丽·埃弗勒斯·布尔的科学早教。玛丽·埃弗勒斯·布尔有位伯父乔治·埃弗勒斯是地理学家,英文中的珠穆朗玛峰即以此人名字命名。1864年,玛丽·埃弗勒斯·布尔在 32 岁时成了带着 5 个年幼女儿的寡妇,顿时再度孤苦无依。她把 4 岁的艾丽西亚托付给孩子的外婆,自己带着 4 个女儿搬去伦敦靠做家教与图书馆员艰难谋生。1871 年她被外科医生詹姆斯·辛顿聘为秘书,生活稍微有了改善,于是把艾丽西亚从爱尔兰科克市接到了伦敦。1880 年詹姆斯·辛顿的儿子霍华德·辛顿写了他第一篇讨论四维空间的论文《什么是第四维度》,同年他娶了布尔家的长女玛丽·艾伦,这两人有两个与中国缘分颇深的孙辈:参与过重庆谈判的孙子韩丁和从曼哈顿计划出来奔赴延安的孙女寒春。)

在与科学界没有任何接触的情形之下,艾丽西亚·布尔·斯托特开始在闲暇时光完全独立地钻研四维多胞形。她证明了存在 6 种四维正多胞形,并且弄清楚了它们的三维截口。她用彩色卡纸制作了这些三维截口的模型。图 6 展示了最复杂的四维多胞形,正600 胞体的三维截口。

图 6　正 600 胞体垂直截口的模型,藏于英国剑桥大学

1894 年,荷兰几何学家 Pieter Hendrik Schoute 发表了一篇论文,其中他对 6 种四维正多胞形的中心截口做了解析计算。艾丽西亚·布尔·斯托特将她制作的模型的复制品送给了 Schoute,这个模型不光对其直观展示了 Schoute 算出来的每个多胞形的中心截口,而且也向他展示了一系列完整的多胞形。

Schoute 对艾丽西亚·布尔·斯托特取得的成果大感震惊,几乎即刻写了回信提议合作。两人之间的合作持续了将近 20 年,结合了艾丽西亚·布尔·斯托特对第四维度超凡脱俗的直观能力与 Schoute 的解析方法。我们邀请读者们参阅艾琳·波罗－布兰卡发表在《国际数学史杂志》中 2008 年第 35 卷上的文章与考克斯特(Coxeter)[①]的书《正多胞形》获取有关布尔·斯托特生活与工作的更多信息。

怎样才能理解第四维度究竟为何物? 本章给出了一系列画图与模型,展现了四维物体的不同表示。读者朋友一定能鉴赏到其中的美妙,也应该同样能够试着迎接将这些魅惑之物可视化的挑战。

# 参 考 书 目

Abbott E. A. ,1884,*Flatland:A Romance of Many Dimensions*,Dover,London.

Coxeter,H. S. M. ,1973,*Regular polytopes*,Methuen and Co. ,London (1948),Rpt.
Dover Publications,New York Polo-Blanco,I.(2008).

Poln-Blanco I. ,2008,《Alicia Boole Stott,a Geometer in Higher Dimension 》,*Historia Mathematica* 35(2),123-135.

Polo-Blanco I. &Gonzalez Sanchez J. ,2010,Four-Dimensional Polytopes:Alicia Boole Stott's Algorithm,*Mathematical Intelligencer* 32(3),1-6.

Polo-Blanco I. ,Rogora E. ,2014,《Polytopes》,*Lettera Mathematica* ,vol. 2,issue 3,155-159.

Stringham W. I. ,1880,《Regular figures in n-dimensional space》,*American Journal of Mathematics* 3,1-15.

---

① 艾琳·波罗－布兰卡,2008 年和 2010 年和考克斯特,1973。

# 球面翻转，总归没有什么稀奇

乔治·雷布(Georges Reeb)的口头禅是："如果您想出名，那就把球面翻转过来。"（注：foliation 一词在地质学中译为"叶理"，数学界应当效法。）这个段子可以追溯到 20 世纪 60 年代，也就是斯蒂芬·斯梅尔(Steve Smale)在他 1957 年的论文中证明了球面翻转的理论可能性之后（译者注：很多人误以为球面翻转的存在性是斯蒂芬·斯梅尔在 1957 年的博士论文中证明的，其实不然。斯蒂芬·斯梅尔的博士论文研究了任意流形上正则闭曲线的正则同伦分类，是从另一个方向推广惠特尼(Whitney)的经典结果。球面翻转的结果是作为 $k$ 维球面到 $n$ 维欧氏空间中浸入的正则同伦分类的推论而得到的，斯蒂芬·斯梅尔 1957 年得到了这一分类并投稿，1959 年刊发）。乔治·雷布那句俏皮话的言下之意就是这事不简单，甚至是有待迎接的挑战。挑战在于使这个看似不可能的佯谬在直觉上变得可以接受，尤其是因为这种诡谲怪诞之事使外行公众确信在数学中"我们从来不知道自己在说些什么，也不知道自己所说的是否正确"。这个挑战的意义何在？为了让这个结果从纯粹的抽象转化为具象的图形与实体模型，人们付出了哪些重大的努力？

弗朗索瓦·阿佩里
(François Apéry)

## 问 题 总 体

这个问题讲的是什么呢？用最接地气的话来解释一下。设想有个皮球，外表面是白色的，内表面是黑色的。能否像翻转手套一样把皮球翻转过来，变成外表面是黑色的内表面是白色的？这么说的话，当然不可以。但是 20 世纪 60 年代有位毕业生给出了理由来反对，他说没问题，因为反演变换刚好可以交换球的内部与外部，同时固定球面不变。

"翻转"一词包含太多歧义,所以有必要明确其含义(译者注:此处使用的法语单词是 retourner)。"翻转"在此指的是将黑色表面带到外侧的连续运动。不妨设所考虑的球面就是欧氏空间 $R^3$ 中的单位球面 $S^2$。想象在翻转过程中球面 $S^2$ 本身,而不仅仅是其补集,发生了某些变化;而在反演中,球面本身是逐点不变的。

外围空间的存在使得我们可以用一根指向球面外侧的单位法向量来给这个球面定向,如此一来在像翻转手套一样翻转球面之后,这根法向量就指向内侧,球面的定向也就随之颠倒(图 1)。

图 1　定向的黑色球面以及翻转后的球面(外表面是白色,并且图示缺
少了一块以清楚显示翻转之后内侧是黑色的),原先指向外侧的
法向量在球面翻转之后指向内侧

"这没啥了不得,只要将反演再复合上一个反射就可以了,或者等价地,关于球心做对称,这二者仅相差一个旋转(译者注:空间中的反射是关于一个取定的平面做对称。作者指的是考虑变换在球面上的限制时二者相差一个旋转,这个叙述在整个三维空间上是不对的)",有人可能会这么想。这当然是对的,可是这么想的话其中仍然没有任何运动。还是得记住,我们想翻转定向球面。

在教几何学,特别是几何变换的时候,有个屡见不鲜的易混淆点。为了解释教师围绕一根铅直轴线旋转半周,教师一般站在讲台上自己做出向后转的动作。这么做,如果不仔细说明的话,就会给学生一种暗示:此处所谈的旋转就包含从初始位置到终末位置的整个运动过程。在这一点上学生会产生误解,因为教师描述的与其说是旋转,不如说是从恒等映射到旋转半周之间的一个连续变换,换言之,就是旋转空间中的一个同伦。(译者注:在几何学中欧氏空间中的"旋转"仅指由特殊正交群描述的,从初始位置到终末位置的一一对应,并不包含物理上的运动过程。物理上运动过程的数学描述是连续不断的一族旋转变换,称为"同伦"。恒等映射也称恒等变换,指每个点都对应到它本身,此处也就是角度为 0 的旋转。旋转空间指全体旋转变换所成的集合,把每个旋转变换想成旋转空间中的一个点,那么前述"同伦"就是旋转空间中一条连续路径。如果在旋转空间中有一条同伦路径连接两个旋转变换,那么就说这两个变换在该空间中同伦。)

　　同伦正是精确表述球面翻转问题所需的概念。我们所考虑的空间变换是否同伦于恒等变换呢?这个问题仅当指定了变换所成的空间时才有意义。关于反演,有个问题就是球心会与无穷远点交换位置,从而就跑到通常三维空间的外面去了。可以把这一无穷远点添加到 $R^3$ 上,那么就得到了三维球面 $S^3$。这时就很清楚,$S^2$ 在 $S^3$ 中轻易就能完成翻转:令二维球面的球心固定,并且半径增大至无穷,直到得到一张平面,然后把球面凸出的方向翻转到平面的另一侧,同时缩小半径就可以了;这就相当于把 $S^2$ 看作 $S^3$ 中的大球(用四维空间中过 $S^3$ 球心的三维超平面截 $S^3$ 得到的二维球面)时,令 $S^3$ 围绕着这个 $S^2$ 的一条直径旋转,这在 $S^3$ 的旋转空间中明显同伦于恒等变换(图 2),正如教师在讲台上向后转所表明的那样。(注:图 2 表现的是如何在 $S^1$ 中很自然地通过连续变换来改变定向:球面上的大圆围绕着直径旋转半周即可。虽然 $S^3$ 无法直接画出来,不过 $S^2$ 在 $S^3$ 中的翻转可以类推得知。要注意,$S^1$ 在 $R^2$ 中不可能通过连续变换来改变定向,也就是说,在平面上翻转圆周是做不到的,这是惠特尼在 1937 年证明的一条定理。因为这条定理,当时斯蒂芬·斯梅尔的博士生导师博特(Bott)倾向于认为在空间中翻转球面同样是做不到的。可想而知,斯蒂芬·斯梅尔的结果在当时多么石破天惊。)

图 2　在球面上翻转圆周

　　这就是为什么要在 $R^3$ 而非 $S^3$ 中提出这个问题。但是在 $R^3$ 的自同构空间(译者注:此处指线性自同构所成空间,即一般线性群 $GL_3(R)$)中关于原点做对称的变换(译者注:即将空间中每个点 $X$ 映射到 $-X$)与恒等变换不同伦,因为前者的行列式等于 $-1$。至于在 $R^3$ 到自身的全部连续映射所成之空间中寻找同伦,这就寨然无味了,因为在这个空间中任何两个映射都彼此同伦,例如通过线性插值就可以构造同伦。

虽说如此，想要翻转的是球面，而非整个三维空间，换言之，想要在恒等变换从 $R^3$ 到 $S^2$ 上的限制与中心对称从 $R^3$ 到 $S^2$ 上的限制之间确定一个同伦。或者说，找出球面的对跖嵌入与其标准嵌入之间的同伦。要在什么空间中描绘这个同伦呢？不是在从 $S^2$ 到 $R^3$ 的全部连续映射所成的空间中，因为有如前述，在这个空间中任何两个映射都同伦。自然就会考虑从 $S^2$ 到 $R^3$ 的类 $C^1$ 嵌入所成之空间，因为所研究的问题是从一个嵌入出发到达另一个嵌入。直觉上看不清楚，究竟要怎样压凸、锻打这个球面才能令其改变颜色。确实存在拓扑阻碍，使得内表面永远是内表面。

将同伦解释成一条路径是十分便利的，这条路径应当在一个适当的空间中描绘。在连续、甚至是 $C^1$ 类映射的空间中一切都是平凡地彼此同伦；而在嵌入的空间中翻转是不可能的。适当的空间要选在这两个极端情形之间。$C^1$ 类的意思是球面不可撕裂，并且总是可以定义切平面，这些切平面连续地依赖于描述球面的参数（注：这是对 $C^1$ 类流形的描述；$C^1$ 类映射更合适的说法是每一点处都可以定义切映射，并且这一族切映射连续地依赖于球面的定义参数。）放弃嵌入的条件意味着允许曲面出现自相交。还有个一直没提的条件，可以启发式地表述为曲率始终有界。这个条件很直观，就是在曲面的变形过程中要避免出现拼挤、棱角与尖点，可是这个条件用起来不方便。在理论推导中更偏好秩为 2 的条件，这与曲率有界的条件几乎是一样的，但形式上要简单得多。这样的映射称为 $C^1$ 类浸入。在浸入空间中描绘出的同伦称为正则同伦。

这个问题最终表述如下：以视觉上令人信服的方式构造出球面的对跖嵌入与标准嵌入之间的正则同伦。

翻译成日常语言就是："把球面像手套一样翻转过来，在翻转过程中允许曲面的一片贯穿另一片，但不得出现撕裂与曲率太高的皱褶"。

## 这件事为什么没那么简单

为了把握这个猜想的佯谬并且说服自己这并非儿戏，让我们回想起圆周在平面上无法翻转的事实，并且检验一下球面翻转的若干必要条件：

1. 如果指定球面的南北极与中轴线，并且令中轴线在翻转过程中保持固定——这是允许的，那么南北极在翻转过程中应当交叉奇数多次。

2. 切平面必须实现到自身上的半周旋转。

3. 在翻转过程中四重点的数目始终是奇数。

4. 不存在对跖作用下空间等变的翻转，也就是说不可能强求球面上的对跖点在翻转过程中一直是对跖点。

5. 翻转过程中的中间状态曲面的二重曲线（译者注：曲面自相交形成的曲线）生成的二重曲面是不可定向的。

## 瓦楞板解决法

1974 年 W. 瑟斯顿（Thurston）基于所谓的瓦楞板法想出了他的球面翻转版本。

他的想法是将球面分解成 18 片：16 片沿着经线方向分布的球面二角形的带子连接着 2 片位于两极的球冠（图 3）。把每两条带子中的一条替换成更柔软更宽阔的带子，使其产生瓦楞板的效果，越靠近赤道，起伏就越大。

图 3　2 片球冠与 8 条经线方向的带子

首先来考虑翻转在未改变的 8 条带子之一与 2 片球冠之并上的限制。沿着通过两极的中心轴线将南极朝北极移动，直到两极交叉后原先的南极位于北部。接下来一直保持原先的北极球冠不动，把原先的南极球冠（现在位于北侧）围绕着中心轴线转动。这样一来，整个集合（两个球冠加上一条带子）就翻转了（图 4）。这波操作叫作"裤带诀"。

由旋转对称性，同样的操作可以在未改变的那 8 条带子上同时实现。为了翻转整个球面，必须在运动过程中拉伸剩余的 8 条加宽的带子。正是因为存在那 8 条足够宽的柔软带子的起伏，曲率才得以在整个翻转过程中维持有界。

以上所有探讨总结在明尼阿波利斯艺术博物馆于 1994 年制作的 22 分钟影片 *Outside In* 中。翻转途中出现的图形让人想起八爪鱼，因为在先前的剪切步骤中得到了 8 条手臂（图 5）。为什么是 8 条？显然可以切出更多条，使得视觉效果更复杂；但是要用瓦楞板法实现球面翻转的话，这个数目不能再减少了。

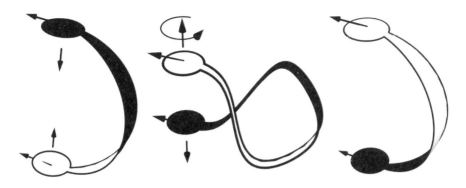

图 4　左图是被操作的那根裤带,中间是两极交叉并且旋转南极球冠,右图是完成翻转后的裤带

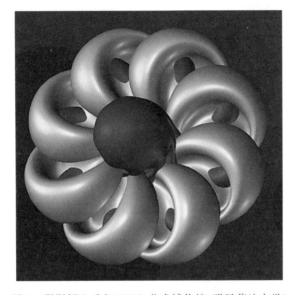

图 5　瑟斯顿八爪鱼(1995,艺术博物馆,明尼苏达大学)

## 极大、极小值方法

有界曲率的条件自然让人想尝试将表面的圆度最大化,这又引出了最小化弹性能量或 Willmore 能量。从这个想法出发,有必要结合 1960 年返还给 A. 夏皮罗(A. Shapiro)的中心模型加以讨论。

它是放置在反转中间的球体的沉浸。让我们设现在 $t=0$,这样有时 $t$ 和 $-t$ 的浸入度是通过等距法相互推导出来的。当人们可以定义这样一个中心模型时,人们就谈到了等变反转。因此,有时 $t$ 和 $-t$ 的浸入图像表面看起来是相同的,由此难度减半,因为只需要描述半反转就可以了。

在这种情况下,标准球体实现了 Willmore 能量的绝对最小值,以达到能量的最大下降斜率中心,模型的选择方式是,它实现了能量鞍座的临界点(图 6)。

图 6　最小、最大反转的中心模型(来自动画电影 *Optiversel*)

1996 年,G. 弗朗西斯(Francis),R. 库斯纳(Kusner)和 J. 沙利文(Sullivan)就已经能够凭经验从具有三阶对称性的"男孩曲面"或具有四阶对称性的"莫林曲面"的中心模型中实现这种 Willmore 反转了。其成果在视觉方面非常令人信服,并在 1998 年催生了电影 *Optiversel*。

# 棒 球 方 法

从历史上看,这是第一次尝试可视化球体翻转。1960 年 12 月,A. 夏皮罗着手实践这个由 H. 霍普夫(Hopf)想象并由 N. 凯珀(Kuiper)描绘的逆转等变,从标准球体开始,将其上升到双重覆盖的"男孩曲面"上(图 7),浸入 $R^3$ 中的实际射影平面的图像。然后,交换该覆盖层的两面,射影将形成无源路径到达返回的球体。

A. 夏皮罗制作了一系列的图纸,展示了如何以不同的方式将圆环形成一个浸没的球体。然后,为了实现到男孩表面的反转,将它们之间的这些浸入连接起来。

基于称为棒球的基本运动的正则同伦:棒球的接缝将其切割成两个相等的部分,它们是具有固定边缘的同位素,共同的边缘是接缝(图 7)。

A. 夏皮罗没有出版这部作品,这幅作品大多是基于一系列的图纸,但他向 B. 莫林

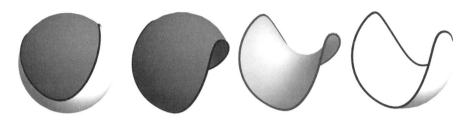

图 7 棒球的运动:(从左到右)球,半球,中间表面,另一半球

(Morin)进行了阐释,B. 莫林本人向 R. 汤姆(Thom)描述了它,后者将其传达给了 A. 菲利普斯(Phillips),后者决定将其在 1966 年出版。由于 A. 夏皮罗于 1962 年英年早逝,他未见到他的推演在这段口耳相传中出现了许多偏误。A. 菲利普斯等变反转被一系列表面描述出来,这些表面将标准球体连接到男孩表面的双重反转,每个表面都由其所有轮廓线描述(图 8)。在这里,我们看到了使用形式化语言的必要性,而形式化语言的使用在几何学中总是很痛苦的,由此也就印证了这句俗语"一幅好的画比一篇长篇演讲要好"。

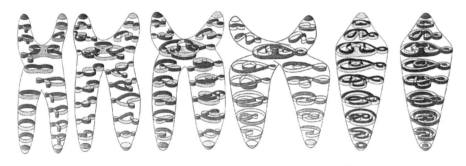

图 8 A. 菲利普斯看到的 A. 夏皮罗的半反转

(从内向外翻转表面,*Sci. Amer.* 214,5,1966,第 112—120 页)

# 四 臂 法

在 1967 年,弗洛瓦特(Froissart)观察到,A. 夏皮罗通过对具有三条臂的男孩曲面的双重还原来反转,当我们开始偏离中心模型时,会产生六条臂,并得出一个信念,即一个人可以通过采取四条臂而不是六条臂来简化过程,但显然六条臂将改变中心模式。B. 莫林对此非常感兴趣,由于他双目失明,为了与弗洛瓦特交流,他用造型泥捏出了模型(图 9)。

其成果就是所谓的"弗洛瓦特—莫林(Froissart-Morin)"翻转,其中心模型有四条臂(图 10)。

1976 年,纳尔逊·麦克斯(Nalson Max)拍摄了 16 毫米胶片电影《把球体从内翻出来》,其中有一个"弗洛瓦特—莫林"翻转的动画(图 11)。

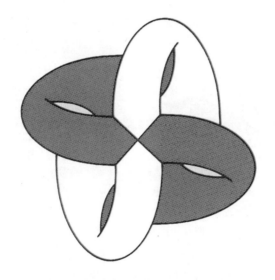

图 9　莫林的造型泥塑

图 10　莫林的中心模型

图 11　"弗洛瓦特－莫林"翻转的一个阶段

（图片由纳尔逊·麦克斯和吉姆·布林(Jim Blinn)提供）

这种翻转的独创性在于它由整体的转换来划分，在这些转换之间，变形运动对观察者来说是空间独立的。此外，只有六种类型的一般转换，反转是由其转换的渐进过程来编码的。

## 烟袋解决法

上述所有翻转的共同点是，它们没有用于计算的分析公式，也不便于在可视化软件中实现。这不仅仅是一个形式问题。我们可以确保我们所见的是一个有规律的同构，而这就意味着要计算等级。然而，一个应用程序的等级不能在其图像上看到，即使它看起来非常具有平滑性。还有一种情况是，与球体两极相切的平面应该在相反的方向进行自半转，在没有坐标网络图像的情况下，无法通过描述浸透的公式看到这种情况。还有一些结果，如四点定理，当人们掌握了通过计算而不仅仅是视觉上证明的具有四点的逆转的存在时，就很容易证明。

获得公式是莫林在1978年构思基于烟袋解决法的翻转时的目标；将翻转的六个臂穿过男孩曲面的四臂面，导致了对等价的$2n$臂翻转的概括。

莫林在1978年给出的相应公式只受到径向因素的影响，只要通过给出球体的两个非同位素柱状体之间的规则同位素就可以很容易地纠正该公式了（图12）。

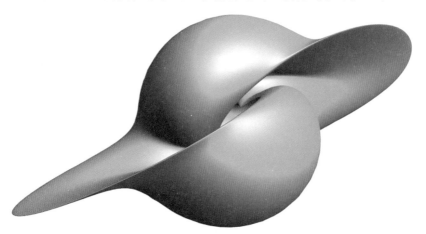

图 12　烟袋翻滚的一个阶段

如果我们不考虑两级的相对运动，围绕中心模型的其余变形类似于烟草袋的关闭过程（图13）。

图 13　烟草袋

# 对代数公式的追寻

上述公式所描述的烟袋翻转未能让人满足。对于研究双曲线、三倍或四倍的点来说，它们仍然是不切实际的，而且在视觉上也远不如波纹板或最小轴的方法有说服力。

这就是促使我们寻找尽可能简单的代数公式的原因，这些公式将产生足够清晰的动画，以产生一系列的模型，使观察者能够理解翻转。与其让圆球变形以使其转过来，似乎更方便的方法是来解开一个等价翻转的中心模型。因此，首先就要构建一个中心模型。第一个任务是构建一个尽可能简单的中心代数模型。

我们发现在哥廷根数学研究所的收藏品中，有一个由六阶方程表示的男孩曲面模型，是我在 1984 年获得的（图 14）。

由我在 1992 年购得的莫林曲面的线框模型展现了八阶方程。见亨利·庞加莱研究所馆藏模型（图 15）。在以下两种情况下，度数达到可能的最小值。八阶曲面是莫林拓扑设计的模型的代数版本，作为等变反转的中心阶段，其转换顺序与"弗洛瓦特－莫林"反转的不同之处在于前者的中心阶段汇集了 5 个转换。

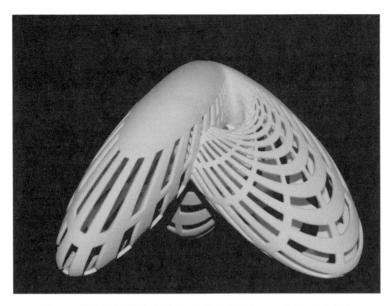

图 14　第六阶的男孩表面(G. 弗兰佐尼(Franzoni)的 3D 打印)

图 15　八阶的莫林曲面

# 为什么模型不太贵

我们已经理解了为什么这些曲面注定要汇聚于亨利·庞加莱的同一个橱窗里,莫林曲面,Boy 曲面(有两款石膏模型,它们的区别仅在于三阶对称性),或者表示射影平面的斯坦纳曲面,它被用来构成六阶的 Boy 曲面。这是在等待球体翻转的其他阶段。

1972 年,C. 皮尤(Pugh)构建了一系列八个鸡舍型的丝网模型来说明"弗洛瓦特－莫林"逆转。它们曾在加州大学伯克利分校展出过一段时间,直到有人告诉我,一位富有的收藏家给出了报价。令人震惊的是,不久之后,一个小偷无疑是被利益的诱惑所吸引,把所有东西都拿走了。没有人知道这些模型的下落,似乎是中了魔咒一般。在 20 世纪 80 年代,皮尤为高等科学研究所在举行数学和艺术竞赛时提供了包含他的模型图片的幻灯片。他最终没有获奖,而当他想要回他的图像时,却只收到一封道歉信写着幻灯片不见了。他还没有副本,这些模型的唯一可见痕迹是麦克斯 1976 年电影中的一组镜头。

不幸在于,当数学模型由于其历史或名气而被视为艺术品,却没有被博物馆中现行的保护措施所保护时,就会发生这种风险。

尽管如此,通过 3D 打印,制作球体翻转模型现在在任何预算范围内都可以实现,尤其是在方程式可用的情况下。

# 圆锥曲线与行星运动

丹尼斯·萨瓦<br>(Denis Savoie)

佩尔格的天文学家与数学家阿波罗尼奥斯（Apollonius）（公元前 3 世纪）写了几本专著，只有一本流传至今，一部分是希腊语版本，一部分是阿拉伯语版本，这就是《圆锥曲线论》（译者注：《圆锥曲线论》共 8 卷，传世的是前 7 卷，第 8 卷是否完稿不得而知。第 5～7 卷的希腊语原文早于公元 6 世纪在希腊已不存，但公元 9 世纪生活在巴格达的波斯三兄弟两度依据希腊语手抄本将全部前 7 卷译成阿拉伯语。这是阿拔斯王朝第七代哈里发马蒙发起的百年翻译运动的一部分。）。甚至早在它 16 世纪的不完全版本之前（译者注：该书在欧洲第一次以印刷的方式出版是在 16 世纪的威尼斯。1501 年以引文的形式出版了部分段落与评注，1537 年首次出版了前 4 卷的拉丁文译本，但公认错误百出。1566 年，费德里科·卡曼迪诺（Federico Commandino）在博洛尼亚出版了前 4 卷公认权威的拉丁文译本，下文也提到了此事。《圆锥曲线论》拉丁文版的正式出版是文艺复兴时期西欧重寻古典时代数学宝藏的标志性事件），这部著作就已经产生了巨大的影响，因为阿拉伯与波斯的数学家们就从中引用与光学焦点性质有关的信息。

对圆锥曲线的研究也许开始于日晷（cadran solaire）的理论。事实上，第一个天文仪器是日规（gnomon），就是一根简单的棍子杵在地上（译者注：作者似乎更想表达"晷针"而非"日规"，"日规"是晷影器，而"晷针"则是晷影器用于指示时间的边缘。二者有时是一致的）。细致地考察棍子的影子的端点在一年当中的变化轨迹，就可以决定二分二至的日期。人们很早以前就不得不追问自己，在地面上描出的这条曲线究竟是何本性，它有时朝北弯曲，有时朝南弯曲，在春分、秋分时又变成一条直线。在我们所在的纬度，这条曲线是条"双曲线"，佩尔格的阿波罗尼奥斯造了这个词，就如"椭圆""抛物线"一样。（译者注：这条指示时间的曲线的具体形状不仅与所在纬度有关，也与太阳的赤纬以及晷面与晷针摆放的位置有关)数学家证明了圆锥面与平面的相交可以产生两类封闭曲线（圆和椭圆）及两类开放曲线（抛物线和双曲线）。进一步地，对这类曲线的研究在行星运动的领域为天文学做出了又一重大贡献。

自远古以来，天文学家们就致力于解释行星在天空中的运动。佩尔格的阿波罗尼奥斯引入了本轮与偏心的体系，在这个体系中天体围绕着地球做许多圆周运动。公元 2 世纪，伟大的天文学家托勒密在他著名的《至大论》中进一步完善了这一体系，自此就产生了对日月与行星在天空中的位置的令人满意的解释，尽管地球不总是占据几何中心。自从公元前 4 世纪开始(译者注：此处原文误作"4 世纪")由亚里士多德（Aristotle）强行规定的这种由圆周与匀速运动构成的天文学，主宰了包括阿拉伯－波斯世界在内的整个古典时代与中世纪。

在 1543 年出版的重要著作 *De Revolutionibus*(《天体运行论》)中，哥白尼（Copernic，1473—1543)让行星围绕着太阳旋转，这些行星继续画圆圈，就如亚里士多德规定的那样。稀少的观测与天文模型之间的差别不足以使人对行星轨道的本性提出质疑。精度上的巨大飞跃要归功于欧洲第一位伟大的观测天文学家第谷·布拉赫（Tycho Brahe，1546—1601)：他在天堡（Uraniborg）天文台里用他那些庞大的仪器以误差 2' 的精度测量了行星在天空中的位置。

1600 年，约翰内斯·开普勒（Johannes Kepler，1571—1630)来到布拉格协助第谷·布拉赫工作，第谷聘他研究火星的运动。开普勒凸显了观测所得位置与计算所得位置之间 8' 的差别。起初他天真地以为这个问题花上八天时间就足以解决，结果这个行星轨道的难题耗费了他八年。从第谷·布拉赫积累的观测数据里他发现了连接行星与太阳的向径在相等时间内扫过相等的面积。开普勒于是首先发现了这条在传统上和教学上称为"第二定律"的定律。

在火星轨道研究中上下求索，用他的面积假设计算了海量位置之后，他得到了一条卵形线。因为不了解这个图形的几何性质，他求助于一条熟知的曲线——椭圆。开普勒确实读过阿波罗尼奥斯论圆锥曲线的著作，这要多亏了费德里科·科曼迪诺于 1566 年编辑了希腊文本的拉丁译本。他甚至在 1604 年出版的光学著作 *Astronomiae Pars Optica*(《天文学的光学部分》)中详细研究了圆锥面的截曲线。开普勒从而察知，火星所有的位置都可以正确地表示在一个椭圆上。于是发现了椭圆轨道，如今称为第一定律：行星围绕着太阳描绘出椭圆，而太阳则位于椭圆的一个焦点上。1609 年开普勒将他的发现发表在一部十分艰涩的著作 *Astronomia Nova*(《新天文学》)里，其中讲述了他对火星运动的探索。

接下来为了研究行星轨道之间的关系，开普勒尝试将音程与轨道直径联系起来。正是在这样的尝试中,他廓清了第三定律:长轴的立方与周期的平方成正比。这项发现于1618年发表在 *Harmonices Mundi*(《世界的和谐》)一书中。在他出版于1617年到1621年之间的著作 *Epitome Astronomiae Copernicanae*(《哥白尼天文学概要》)中他把三大定律推广到所有的行星中。

1687年,艾萨克·牛顿(Isaac Newton,1643—1727)在他的 *Philosophiae Naturalis Principia Mathematica*(《自然哲学的数学原理》)中陈述了一条他据以导出开普勒三大定律的一般定律:质量各为 $m$ 与 $m'$,彼此之间距离为 $r$ 的两个质点 $A$ 与 $B$,施加给彼此一个吸引力,引力的方向沿着线段 $AB$,大小与二者的质量成正比,与二者之间距离的平方成反比(译者注:这并非《原理》中的原始陈述。)。这条定律,也称为万有引力定律,使得可以解释质量为 $m$ 的行星围绕着质量为 $M$ 的太阳运行时描绘出一条平面曲线。曲线的大小与形状依赖于初始条件(位置与速度):对于行星而言,这条曲线是椭圆,太阳占据着椭圆的一个焦点。某些彗星有抛物线或双曲线轨道。

牛顿的万有引力定律因此表明行星是被太阳施加的吸引力维持在轨道上的力,而且轨道曲线的形状(椭圆、抛物线、双曲线)就源于这条定律。事实上,太阳系中所有行星都彼此吸引。全部这些引力共同作用的结果"摄动",以一种敏感的方式影响着轨道。不过可以认为,在充分短的时间间隔内,行星围绕着太阳描绘出一条开普勒式的轨道。

牛顿将他的引力定律推广到彗星,彗星拉得很长的椭圆轨道在太阳附近很像抛物线。他发展出了一套从三个观测值求解这样的抛物线轨道的作图解法,爱德蒙·哈雷(Edmund Halley,1656—1742)在1681—1682年运用此法预言了那颗彗星(如今以他的名字命名)1758年的回归。注意,正是爱德蒙·哈雷在1710年出版了阿波罗尼奥斯的《圆锥曲线论》的第一版,这个版本直到19世纪末都被奉为权威(译者注:作者此处指的是第一个完整包含前7卷的拉丁文译本。爱德蒙·哈雷具备精深的语言功底,娴熟于古希腊语与拉丁语。他为了完成牛津大学萨维尔天文学教授爱德华·伯纳德(Edward Bernard)的未竟之志,在年近五旬时刻苦攻读阿拉伯语,终于将莱顿与牛津收藏的阿拉伯文后3卷译成拉丁文。后3卷大功告成之后他又接过另一位已故萨维尔天文学教授大卫·格里高利(David Gregor)传来的火炬,将前4卷用希腊文重译了一次。最后,他甚至还凭借自己在数学史与天文学史上的造诣,把自从帕普斯时代就未曾有人见过完整版的第8卷重构了出来。于是乎他就这样成了古往今来唯一一名"译出"全部8卷的译者。另外,他在47岁时获得萨维尔几何学教席,为了这个有无上荣光的职位,他争取了12年。最终天文学家海因里希·奥伯斯(Heinrich Olbers,1758—1840)在1797年发表了一个沿用至今的数值方法,这个方法可以解出与空间中3个方向相交的且一个焦点已知的圆锥曲线,这三个方向是相隔几天观测到的彗星位置。

图 1　阿波罗尼奥斯圆锥截线模型

开普勒－牛顿定律同样适用于太阳系之外,因为自从威廉·赫歇尔(William Herschel,1738—1822)在 1803 年的发现以来(译者注:在威廉·赫歇尔之前对双星系统的观测与推测已经有一个多世纪,他本人就在约 40 年间观测到了数百对。但是在 1803 年之前并没有强有力的证据表明这些双星究竟只是看上去接近,还是彼此之间确实有相互作用。1803 年赫歇尔从此前 125 年的观测事实中提出了有力的证据,证明北河二,即双子座 α 星,是一对互相吸引,围绕着彼此旋转的双星。这是在太阳系之外首次确证了引力相互作用。),已经知道天空中有大量彼此有物理联系的双星系统。从观测资料可以得到双星的轨道,若已知它们到太阳的距离,那么就可以推算出双星的质量。这些问题的求解部分依赖于圆锥曲线,尤其是椭圆的几何性质,因为双星系统的运动是在相互吸引作用下的二体问题。

毋庸赘言,20 世纪 90 年代以来发现的数千颗系外行星轨道的椭圆元素的求解在类地行星的探索中是前所未有的热门。

# 从毕达哥拉斯到开普勒的多面体之旅

早在古典时代就已为人所知的多面体,不仅在数学中,而且在哲学中扮演了重要的角色,并且在不同的科学领域之间架起了桥梁。约公元前 6 世纪哲学在希腊诞生了。哲学家们革新了思想史:对于林林总总的解释世界与人类的起源与演变的神谱和神话,他们代之以理论构造,这些理论建基于与观测事实相容的一些基本原则。从那以后,"人是万物的尺度(法文:l'homme est la mesure de toutes choses)"(毕达哥拉斯(Protagoras,公元前 6 世纪))。回忆一下词源,"尺度"的法语是"mesure",和谐与节律的观念里就包含了这个词,这些观念都从属于"对称"概念,对称的法语是"symétrie",由希腊语词素 syn 与 metron 构成,意为具有同样的尺度,或者根据同样的尺度。

克莉丝汀－德扎尔诺·丹迪娜(Christine Dezarnaud Dandine)

## 毕达哥拉斯及其正多面体

球形、圆形及其性质一直以来就被人们与宇宙的某种表现联系起来。先驱者毕达哥拉斯教导说:"关于大自然的知识建基于从某些整数的性质导出的和谐。"他的门徒将 5 种完美立体的发现归功于他,完美立体的面是全等的多边形:等边三角形,不等腰或等腰直角三角形与正五边形。注意,除了正五边形之外,这些图形都很容易用尺规作图,此后尺规可作图是统治着《几何原本》(公元前 3 世纪)中阐述的欧氏几何的隐含条件[1]。毕达哥拉斯的同时代几何学家已经证明,借助于三种正多边形(正三角形、正方形、正五边形)就可以构造出五种凸正多面体[2]:正四面体、正立方体、正八面体、正十二面体与正二十面

---

[1] 第八卷。
[2] 每个面都是全等的正多边形,每两个相邻的面之间的二面角都相等。

体。

# 柏拉图的前苏格拉底学术环境

在物理学史上有两大派针锋相对的学说：

1. 元素论：恩培多克勒（Empédocle，公元前 5 世纪）从四大元素（水、气、火、土）出发来描述我们所处的连续结构世界中的各种变化，四大元素受到两种彼此对抗的力的作用而改变其组合的比例：爱力使元素结合，恨力使元素分离。亚里士多德（Aristole）继承了四元素说，为其增加了两对性质：热与冷，干与湿。经他完善后的元素论统治着物理学直到 17 世纪。

2. 原子论：德谟克利特（Démocrite，约公元前 460 年—公元前 370 年）与留基伯（Leucippe，约公元前 500 年—约公元前 440 年）教导说，物质是由原子组成的，原子是细小不可分割的粒子，它们在虚空中游动，在萍水相逢中创造昙花一现的组合。但如此一来怎么解释某些形式，某些存在的恒久呢？

# 柏拉图多面体[①]

柏拉图对多面体的历史有核心贡献，以至于 5 种正多面体被称为"柏拉图体"或者"柏拉图多面体"。对他而言，几何学不仅仅是关于图形的研究，更是通往理念世界的唯一方法，对称的完美正反映出理念世界的完美。

在《蒂迈欧篇》中，柏拉图描绘了将世界几何化的最初尝试之一。根据他的理论，世界（译者注：此处指柏拉图所谓的现实世界，或称"可感世界"。理念世界先于现实世界而存在。）是由一个造物主在理念完美性的启发下建造出来的。这些"指配"是基于可移动性（这一点仍然缺乏说服力）的考虑来证明的：

> 我们将立方体指配给土元素。因为土是四种元素中最难自发移动的，……类似地，把剩余四种图形中最难移动的（正二十面体）指配给水，最易移动的（正四面体）指配给火，中间性质的图形（正八面体）指配给气。

> 在这些元素中，气、水与火都可以通过增删组成这些元素的等边三角形来彼此转化。

---

① 克莉丝汀－德扎尔诺·丹迪娜，西维因（Sevin），2009 年，p. 65—76.

对土元素来说这种转化是不可能的,因为土元素只能还原到等腰直角三角形。在构成了正十二面体的正五边形内不能找到以上两种三角形。因此正十二面体不能还原到四大元素,就从这个分类中排除了。柏拉图给它预留了一个相当不同的角色:代表作为一个整体的宇宙。

# 亚里士多德

当上吕刻昂(译者注:即亚里士多德在雅典创立的学园)的首脑之后亚里士多德就与他的师傅柏拉图分道扬镳了。作为原子论者坚决彻底的反对派,他也反驳元素的多面体理论。首先他向恩培多克勒的四大元素赋予了两对性质:热与冷,干与湿。从而四大元素就可以通过增减这四条性质而互相转化,因此正多面体就不再被看作特殊图形。再者,用正方形与正三角形都可以铺满平面,而用正五边形就不可能做到,总会留出空隙。空隙就是虚空!自然界厌恶虚空,亚里士多德将虚空视同不存在。因为不可能使用某些多面体,尤其是正十二面体与正二十面体这些具有五阶对称的多面体来紧密地填充空间,所以柏拉图的理论只是美学性质的假设,只是形而上学的思辨,不满足物理学的科学方法的标准。在 19 世纪与 20 世纪,人们将会懂得这些多面体可以铺满非欧空间。

亚里士多德不容置疑地责难柏拉图在多面体元素的问题上采取的公理式论证,并且用"虚空不存在"来驳斥,而这个不存在性本身说到底也是公理式的。他这么做的第一个后果就是导致了对原子论长达两千余年的非难。第二个后果要比第一个严重得多,源于中世纪思想对亚里士多德论断的全盘采纳;经年累月地教授这些论断,巩固了元素与性质的理论[①]。

亚里士多德驳倒了正多面体的理想化角色,为数学研究开辟出一片广阔天地。其后继就是欧几里得与阿基米德的天才工作。阿基米德发现了一类引人瞩目的新多面体:这些半正多面体的面是正多边形,但可以是不同的形状,例如可以是一些共边的正三角形与正方形。这些多面体共有 13 个,可以通过对 5 种柏拉图多面体以不同方式依次截断而得到(图 1)。[②]

---

① 此处不讨论在希腊古典时期广泛采用的地心模型的沉重后果。
② 克莉丝汀－德扎尔诺·丹迪娜,2009,p.12－31.

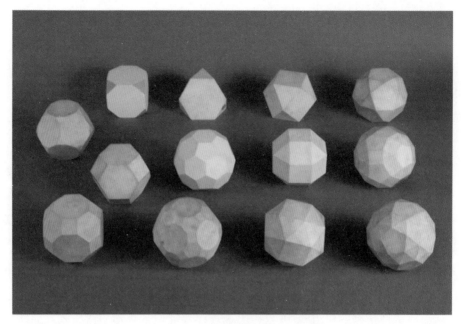

图1　13种半正阿基米德多面体

## 多面体的又一个黄金时代：文艺复兴

伟大的美第奇家族的初代，老科西莫（Cosme，1389—1464）与他的后人们一样对科学研究很感兴趣。他活跃地参与了由马尔西利奥·费奇诺（Marsile Ficin，1433—1499）主持的希腊原典的首批翻译。在老科西莫的庇护下，费奇诺在卡雷奇创办了柏拉图学园，出版了《柏拉图对话录》的完整拉丁文译本。这个译本在美第奇家族的圈子里取得了很大的成功，并通过他们的众多人脉网迅速传播开来。

从艺术家们，尤其是乔托（Giotto，1266—1337）与布鲁内莱斯基（Brunelleschi，1377—1446）的作品中，和莱昂·巴蒂斯塔·阿尔伯蒂（Leon Battista Alberti，1404—1472）发表在他的名著 *De Pictura*（《论绘画》，1435年）里的理论成果中，所有画家都熟知了透视法的研究与运用。皮耶罗·德拉·弗朗切斯卡（Piero della Francesca，1412—1492）出版了一册透视法专著（*De Prospectiva Pingendi*，即《论绘画中的透视》），并将书中的法则应用于他自己的绘画与多面体图形中。

卢卡·帕乔利（Luca Pacioli）的著作 *De Divina Proportione*（《论神圣的比例》）试图将全部基督教教义与几何知识及黄金分割的性质糅合起来。列奥纳多·达·芬奇（Léonard de Vinci，1452—1519）用主要的正多面体与半正多面体的出色素描细致入微地给这部论著配上了插图。

## 开普勒的多面体研究

在 *Harmonices Mundi*[①] 中开普勒着手研究了多面体（图 2）。这本书一开头就细致地描述了 5 种正多面体与 13 种凸的半正的阿基米德立体图形的几何性质及其严格的构造方法。他最有原创性的贡献还是在于描述了两个非凸的星形正多面体，此后称为"开普勒多面体"。

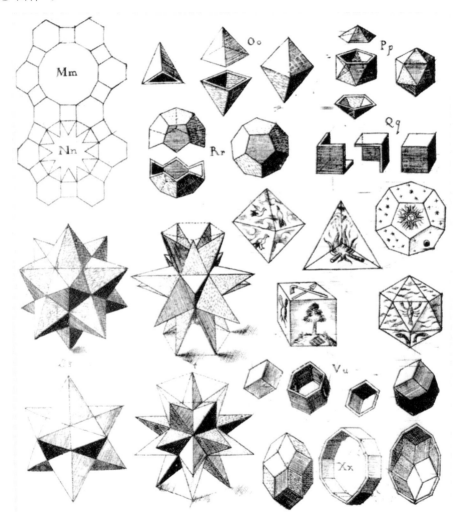

图 2　开普勒的星形多面体

---

① 《世界的和谐》，复刻本见 www.imgbase-scd-ulp.u-strasbg.fr。

# 开普勒对天体物理的基础性贡献

开普勒在 *Mysterium Cosmographicum*（《宇宙的神秘》）中阐述了一个太阳系模型，其中行星的不同轨道内切于 5 个与轨道大小相匹配的完美立体，那时他认为自己已经做出了史无前例的重大发现，可以将科学与哲学统一在一个宏伟的综合理论中（图 3）。

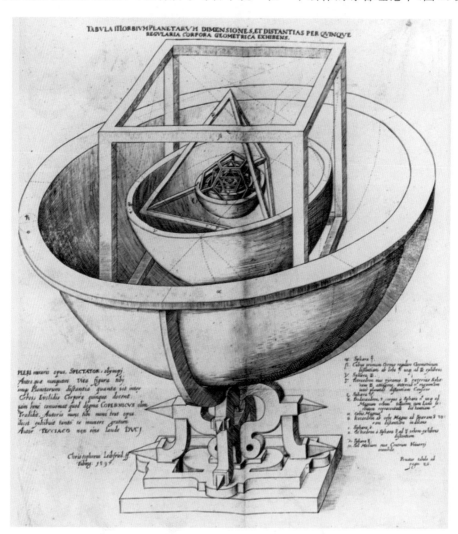

图 3　*Mysterium Cosmographicum* 中层层嵌套的柏拉图多面体

事实上，把轨道强行塞进立体模型的做法一经审视就会显得十分不自然。在发现海王星与天王星之后，开普勒就被迫放弃了他美丽的建构（译者注：原文如此。不知作者为何写出这句"关公战秦琼"来。）。

这本书包含了开普勒三大定律的萌芽，这些定律描述了行星绕太阳运动的主要特征,且带领牛顿找到了他的万有引力定律。因为只有五个完美的实体(译者注:指五种有规则的正多面体,这些不同的几何形体,一个套一个,每个都按照某种神圣和深奥的原则确定一个轨道的大小。若土星轨道在一个正六面体的外接球上,木星轨道便在这个正六面体的内切球上;确定木星轨道的球内接一个正四面体,火星轨道便在这个正四面体的内切球上;火星轨道所在的球再内接一个正十二面体,便可确定地球轨道……照此交替内接(或内切)的步骤,确定地球轨道的球内接于一个正二十面体,这个正二十面体的内切球决定金星轨道的大小;在金星轨道所在的球内接一个正八面体,水星轨道便落在这个正八面体的内切球上。),所以它们天生就适合在六个行星轨道之间,或者说它们彼此就是和谐共振的!"

事实上,轨道对实体模型在检验中表现出的适配似乎全是人为推测的。在行星、海王星和天王星被发现之后,开普勒不得不放弃了他那些精妙的结构。

# 参 考 书 目

Dezarnaud Dandine C. , Sevin A. , 2007, *Symétrie m'était contée*, ill. de PIEM Ellipses.

Dezarnaud Dandine C. , Sevin A. , 2009, *Histoire des polyèdres*, *Quand la nature est géomètre*, ill. de PIEM, Vuibert.

# 灵感、直觉及互动的强大力量

想象一下，您正在获取本书中的所有雕塑并轻松地将之重新创建。接着，一旦它们出现在您面前，您就可以实时将其修改。您可以了解到构成雕塑数学基础的所有方程式、规则、三角形，并可对其进行操作，修改它们的参数、变量、数字、颜色，并立即发现生成的新雕塑。相信这能让您受到不小的启发！

安德烈亚斯·丹尼尔·马特
（Andreas Daniel Matt）
海琳·威尔金森
（Hélène Wilkinson）

您可以更换自己的想法，尝试新的公式，尝试不同的方法。然后，您把如此制作的雕塑与原始雕塑进行比较，很自然地，您就能开始修改其他东西，开始通过观察新雕塑并得出关于可能发生变化的内容及其原因的结论。接下来您可以向所有朋友展示您的佳作，并自豪地介绍给朋友们听。您与雕塑的互动是全新的方式，您采用了一种真正有效的教育方法，该方法依赖于激发您的灵感、直觉和互动……

不巧的是，实时 3D 打印机尚未发明。使用普通的 3D 打印机无法让您在没有事先了解某些 3D 打印软件和技术的条件下轻松修改方程式和规则。更不用说打印雕塑需要几个小时了！尝试手工制作雕塑当然是可能的，但是缺乏数学方程给出的表面的"准确性"。这也需要给予发展进步的时间。

幸运的是，计算机图形学在近几十年中取得了长足的进步。本书中的所有雕塑都可以立即在计算机屏幕上"虚拟地"重新创建，而不需要花费多少时间（只需要借助计算机的一些计算能力）。计算机图形以三个维度显示雕塑的表面，这就是为什么我们将要讨论表面。显示曲面可以使雕塑的内部形象化，这在物理模型中是不可能实现的。

## 实时曲面的可视化

我们将实时探索表面的数字可视化世界，展示直观的软件，并举出重新创建和操纵虚拟表面的过程的许多示例，以及控制它们的规则和方程。这个想法是为了给您灵感并激励您自己与这些曲面进行互动,以及向您展示这种迭代学习模型的力量,它不会限制您的创造力。

# 代 数 曲 面

让我们从代数曲面开始(如第 7 页图或"曲线和曲面"一章中所示的曲面)。为了实时创建代数曲面的数字图像,我们将使用开源软件 Surfer[①]。Surfer 的用户界面设计得非常简单。该程序不基于任何教学理论或艺术方法。它的目标是分享数学和艺术创作的乐趣,让您在公式和形状之间建立联系并处理它们的相互作用。

要创建图像,我们可以使用鼠标、键盘或手指在触摸屏上输入多项式方程,例如 $x^2 2x^3 + y^2 z = 0$。软件将立即计算满足该方程的点(坐标 $x, y, z$),并将它们显示在一个不可见的球体中,该球体去除了屏幕外的所有点。我们可以在生成的代数曲面上打印旋转图。您可以通过缩放来修改数据范围,以及选择表面两侧的颜色(图 1)。

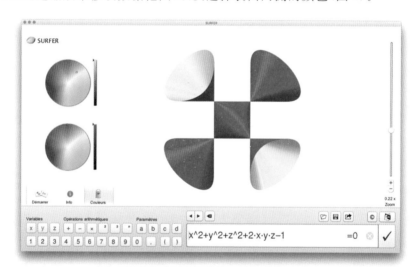

图 1　用户界面与曲面及其代数方程

让我们从几个实验开始,您还记得球体的方程吗? 方程为:$x^2 + y^2 + z^2 = r^2$,$r$ 是半径。在使用 Surfer 时,您必须在所有方程右侧输入"等于零",因此球体的方程可以这样写:$x^2 + y^2 + z^2 - r^2 = 0$,看起来像这样(图 2):

现在让我们以直觉和灵感为指导,在改变方程式的方面发挥创意。修改后的值会以红色标注。我们来仔细观察正在发生的事情并将这种变化与其他变化进行比较(图 3)!

---

① 哈特科普夫(Hartkopf)和马特(Matt),2013 年。

图 2　方程为 $x^2 + y^2 + z^2 - r^2 = 0$ 的球体

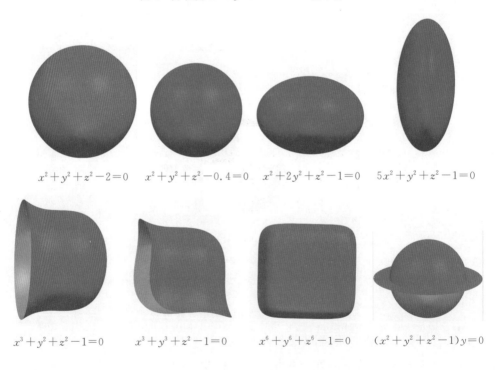

$x^2 + y^2 + z^2 - 2 = 0$　　$x^2 + y^2 + z^2 - 0.4 = 0$　　$x^2 + 2y^2 + z^2 - 1 = 0$　　$5x^2 + y^2 + z^2 - 1 = 0$

$x^3 + y^2 + z^2 - 1 = 0$　　$x^3 + y^3 + z^2 - 1 = 0$　　$x^6 + y^6 + z^6 - 1 = 0$　　$(x^2 + y^2 + z^2 - 1)y = 0$

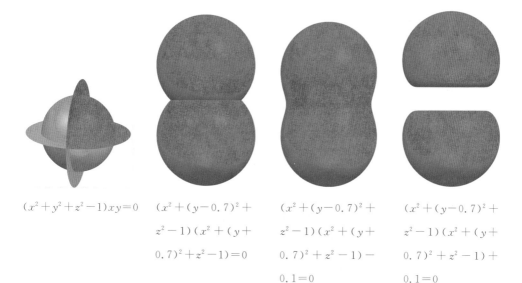

$(x^2+y^2+z^2-1)xy=0$    $(x^2+(y-0.7)^2+$ $z^2-1)(x^2+(y+$ $0.7)^2+z^2-1)=0$    $(x^2+(y-0.7)^2+$ $z^2-1)(x^2+(y+$ $0.7)^2+z^2-1)-$ $0.1=0$    $(x^2+(y-0.7)^2+$ $z^2-1)(x^2+(y+$ $0.7)^2+z^2-1)+$ $0.1=0$

图 3　等式方程的各种修改

开始操作（和观察）时会不自觉地发现一些问题，诸如"使用奇数或偶数会发生什么样的变化？""如何沿一个方向移动曲面？"，以及"如何显示彼此相邻的几个表面？"。所有这些问题都可以通过调整方程来"代数地"回答。

对于数学家来说，一个非常有趣的问题是："我们可以在一个代数曲面上创建多少个奇点？"我们可以将奇点视为表面的顶点。球体没有奇点，它是光滑的。但是我们来看图4 中的双锥：

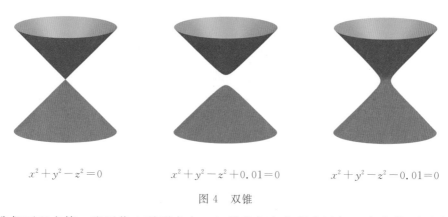

$x^2+y^2-z^2=0$      $x^2+y^2-z^2+0.01=0$      $x^2+y^2-z^2-0.01=0$

图 4　双锥

我们可以在第一张图像上看到奇点。如果我们在方程中添加一个小数（在我们的示例中为 0.01 或 − 0.01），我们会立即看到奇异点周围的形状发生了显著变化。这是奇点的一个经常令人头疼的特性：它们对方程的微小变化非常敏感。

大量的奇面是众所周知和广为研究的。它们通常是古今数学雕塑收藏的一部分（请注意，雕塑在奇点水平上的脆弱性，这是另一个令人头疼的特性）！

　　Surfer 上提供了多种教程和曲面选择,并以法语(以及其他 13 种语言)提供了它们的方程、参数和附加说明。在那里,您会找到一个专用于"世界曲面记录"的图片库,即最独特的曲面,例如,凯莱三次曲面(图 5)或库默尔四次曲面(图 6)。Surfer 上提供了这些带有方程的曲面,您可以开始操作它们。

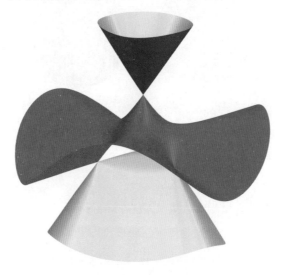

图 5　凯莱三次曲面

图 6　库默尔四次曲面

　　自 2007 年 Surfer 创立以来,艺术家、设计师、学校等已经使用 Surfer 创建了数十万个代数曲面。创建的图像包括类似于现实世界物体的表面,例如图 7 中的勺子。

　　我们可以从数学上证明,任何三维物体的表面都是通过使用精度可调节的代数曲面获得的。

图 7　瓦伦蒂娜・加拉塔（Valentina Galata）的勺子，其方程为 $((3x^2+(y-1.9)^2+(2z)^2-1)^2+(0.2z))((((0.8z+1.2)^3+(5y-6)^2+(4x)^2-0.5)(x^2+(y+6)^2+(z-2.8)^2-0.3)(x^2+(y-1)^2+(z+3.3)^2-0.03)+290)(9x^2+(y-0.1z+2.5)^2+(4z-5+y)^2-1-400)-99=0$

## 多面、极小面、分形面以及其他曲面

可以通过类似 Surfer 的方法实时操纵其他类型的表面。可以更改规则、调整公式以及将变形操作应用于某些不是由方程给出而是由线和平面给出的形状或表面。以 iOS Math to Touch 应用程序为例，它是用动态数学软件 CindyJS 编写的（图 8）。

使用 Polyhedra Morph 应用程序，您可以从柏拉图的五种立体中的任何一种开始：四面体、六面体（立方体）、八面体、十二面体和二十面体。然后我们可以对这些多面体执行几个操作：挤出面的中心，缩小面或切割顶点。因此，我们设法创造了新的多面体，其中一些也是著名的，例如阿基米德立体（图 9）。

此外 jReality 程序可以创建、操作和交互，就像具有最小表面的电子游戏（也在本书中介绍）或 3D_Xplor_Math 程序，其中包含非常多具有方向、曲率等有趣的表面，也包括各种各样的分形。该程序附有详细的文档和以立体 3D 形式呈现表面的可能性。

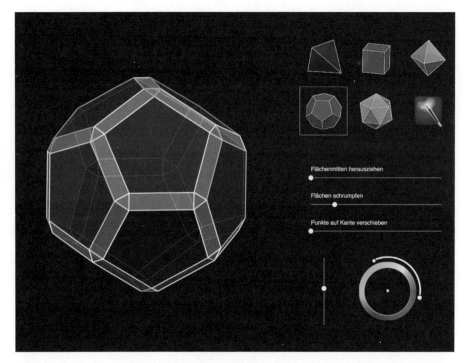

图 8　在 CindyJS 软件集合里的 Polyhedra Morph 应用程序

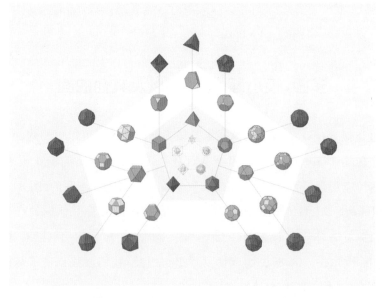

图 9　图为多面体族，艾莉森·程（Allison Cheng）的图表，其中包括柏
拉图、阿基米德和加泰罗尼亚固体

# Imaginary 及其免费软件

Imaginary 已成为一个以开放和互动的方式交流数学的平台。该协会向博物馆、学校、展览和大学提供免费内容。任何人都可以参与,Imaginary 还提供专业的软件创作或展览设计服务[①]。

本章中提到的所有软件均可通过 Imaginary 平台(www.imaginary.org)获得免费许可。该软件自 2008 年开始在世界各地的展览中使用,展示数学形式的美,并赢得了大量观众。迄今为止,已在大约 50 个国家以 27 种语言组织了 240 多场活动。软件通常显示在大触摸屏上。参观者可以打印他们的图像并将其显示在展览的面板上。软件展示了数学和艺术之间互动的非常有趣的一面。软件允许使用者以直观的方式理解和测试公式和形状之间的联系。

我们邀请你下载并使用该软件。你将能够在 Imaginary 平台上分享您的创作,它甚至可以给你自己的数学展览带来灵感!

如果你的心从现在开始属于数学曲面,那么咱们来看看"心方程"(图 10):

图 10　心方程

$$(x^2 + 9/4 \cdot y^2 + z^2 - 1)^3 - x^2 z^3 - 9/80 - y^2 z^3 = 0$$

如果你用一个正方形代替最后一个立方体,你认为会发生什么? 如果我们在最后加上一个正方形,这颗心现在就"穿三角裤"了! 滑移只是代数曲面的一部分。

---

① 格鲁埃尔(Greuel)、马特(Matt)和梅伊(Mey),2014 年。

图 11　前面的方程式稍有修改

$$(x^2+9/4 \cdot y^2+z^2-1)^3-x^2 z^3-9/80 \cdot y^2 z^2=0$$

## 程序和创作者

Surfer，由克里斯蒂安·斯图萨克（Christian Stussak）、格特－马丁·格鲁埃尔（Gert-Martin Greuel）、安德烈亚斯·丹尼尔·马特（Andreas Daniel Matt）和 Surfer 团队创建。

www. imaginary. org/program/surfer

Math to Touch 应用程序和 Polyhedra Morph，由尤尔根·里希特－盖伯特（Jürgen Richter-Gebert）在 Cinderella 和 CindyJS 中创建。

https://itunes. apple. com/us/app/math-to-touch/id1175925608? mt＝8

https://cindyjs. org

www. imaginary. org/program/cinderella-applets

jReality，由乌尔里希·平科尔（Ulrich Pinkall）、史蒂芬·魏斯曼（Steffen Weissmann）和 jReality 团队创建。

https://imaginary. org/program/jreality-exhibit

www. jreality. de

3D_Xplor_Math，由赫尔曼·卡彻（Hermann Karcher），理查德·帕莱（Richard Palais）和 3D_Xplor_Math 团队创建

3d-xplormath. org/

https://imaginary. org/program/3d-xplormath

# 参 考 书 目

Hartkopf A. et Matt A. D.，2013，《 SURFER 》，*Math Art*，*Education and Science Communication*. *Procedings of Bridges Conference*，Enschede，juillet.

Greuel G. -M.，Matt A. D，et Mey A. S. J. S.，《Editorial：Imaginary-Mathematics Communication for the 21st Century》，*EMS Newsletter* 92，pages 3-6，June 2014.

# 有效合规的铺砌

从格拉纳达的阿尔罕布拉宫这个例子中可以看出，铺砌的优雅对称吸引了人们的眼球和心灵。这就是为什么它们在任何时候和任何地方都被用作装饰主题。当然，墙壁或地板在铺装到房间的角落就停止了。很遗憾，因为本着精神，我们可以让它无限扩展。因此，问题是知道如何将其折叠回有限空间。

索尔·施莱默
(Saul Schleimer)
亨利·塞格曼
(Henry Segerman)
海琳·威尔金森
(Hélène Wilkinson)

在这种折叠中，我们经常不得不接受几何形状会发生的某些变形。本章的目的是使用现代工具来探索这个问题之前的解决方案：我们给出了三维空间中表面的实际共形平铺的例子（图 1）。

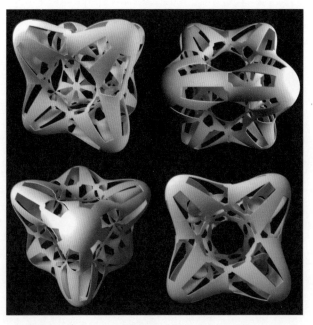

图 1　Conformal Chmutov 的雕塑 3D 打印照片剪辑。我们可以在网站上查看一个三维模型 SketchFab

## 欧几里得的铺砌

也许最常见的铺砌是用砖砌墙或铺小路。每块砖都接触其他六块相同的砖,并且均匀地重复该图案。为了让事情更有趣,我们选择三角形而不是矩形的瓷砖。此外,我们在三角形的颜色中强加了黑色和白色之间的交替,因此,任何黑色三角形都将是每个白色三角形的反射。我们仍然记得老师说过:"三角形的内角和是 180°。"再加上我们希望获得反射对称性,我们的三角形可能的角度是:$(90°, 45°, 45°)$,$(90°, 60°, 30°)$ 或 $(60°, 60°, 60°)$。

我们分别称它们为三角形$(2, 4, 4)$,三角形$(2, 3, 6)$ 和三角形$(3, 3, 3)$。我们通过复制三角形 $(2, 4, 4)$ 绘制了一个曲面细分,如图 2 所示。为了证明这些名称的合理性,我们来检查铺砌的顶点(即两条线相交处的任何点)。顶点分为三种:两个黑色三角形相交,四个黑色三角形向左形成一个风车,以及四个黑色三角形向右形成一个风车。如果你感兴趣,可以花点时间琢磨琢磨,用遵循这些相同规则的三角形$(2,3,6)$绘制黑白相间的铺砌(图 2)。

图 2　三角形铺砌 $(2,4,4)$

## 重　新　折　叠

事实上,图 2 中的平铺并不是无限的,它结束得很突然。这是一个明显的缺陷,如果铺砌没有边缘会更好。由于铺砌不能永远持续下去，我们需要找到一种方法将其包裹在某物上。

为此，剪下图2以获得铺砌的正方形。将正方形的顶部边缘黏到底部边缘以形成一个圆柱体，如图3所示。因此消除了正方形四个边缘中的两个。可是，我们将正方形变形为圆柱体时却失去了一些东西：在页面上，镶嵌的所有线条都是直的；在圆柱体中，一些线条变成了螺旋线，而另一些则变成了圆圈。然而，如果我们沿圆柱体测量距离，三角形的边长并没有改变。三角形的角度也保持不变。

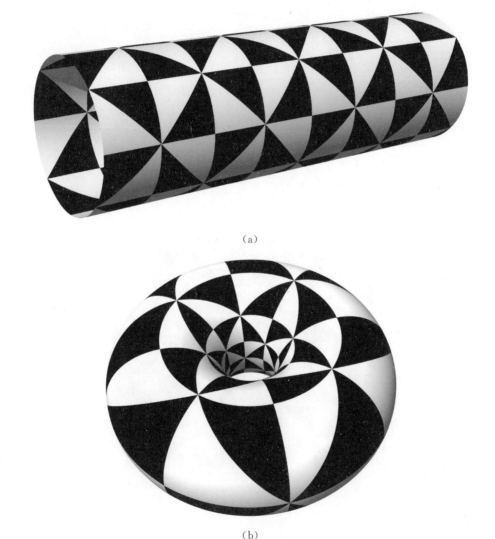

(a)

(b)

图3　三角形(2,4,4)铺砌的两种折叠方式在左侧，三角形（2，4，

4）铺砌折叠在圆柱体上在右侧，环面也是如此

折叠过程的下一步要复杂得多——我们想将圆柱体的右边缘黏到它的左边缘。尝

试用纸筒制作第二张拼贴画将是一项有趣（但徒劳无功）的练习。如果我们改用橡胶材料，我们会得到一个环面（救生圈的表面），如图 3 所示。我们的问题解决了：铺砌现在已经完成，但没有边缘突然结束。

再一次，我们不得不放弃一些东西来得到一些东西。当放置在环面上时（图 3(b)），三角形的边长发生了很大的变化：靠近孔的边被压扁，远离孔的边被拉伸，这是不可避免的，原因如下：环中的一小部分看起来像马鞍，在孔的附近具有负曲率。远离孔，曲率是正的，这一部分的小块看起来像球体。但是，当曲面的曲率有时为正，有时为负时，具有规定长度的铺砌 (2, 4, 4) 无法合适地放置在曲面上。

然而，如果留心，可以设法保留铺砌的一些几何特性。水平线和垂直线变成了分别围绕环面和穿过环面的圆圈。这两个曲线族在任何地方都以直角相交，就像最初的铺砌一样。圆柱体中的螺旋线对角线变成了维拉索圆。舍尔歇（Schoelcher）[1]是第一个观察到维拉索圆以恒定角度在任何地方相交的人。

如果我们拉伸环面使其看起来像自行车轮胎，则该角度接近于零。如果我们给圆环充气，角度会增加到 180°。就像金发姑娘和三只熊的故事一样，介于两者之间，大小正好合适！对于这种特殊尺寸，维拉索角为 90°。由于环面具有反射对称性，对于这种特殊切割，Villarceau 圆和垂直圆以 45° 的角度相交。因此，三角形拐角处的角度与在平面中铺砌的角度完全相同。当出现这种现象时，我们就说铺砌确实是合规的。

## 双曲线铺砌

三种三角形 (2, 4, 4)，(2, 3, 6) 和 (3, 3, 3) 是唯一可以平面铺砌的三角形。如果我们想找到其他这样的例子，我们将不得不学会忽略我们的老师交给我们的知识，例如考虑内角和小于 180° 的三角形的可能性。它们恰好属于双曲平面，也称为"罗巴切夫斯基平面"。图 4 显示了由相同（和反射）的黑色和白色三角形 (2, 4, 6) 对双曲平面进行的铺砌。

读者朋友，您已经注意到一个明显的问题：根本不是所谓的相同三角形。随着三角形向外移动，边的长度减小。这是双曲几何不可避免的特征，希尔伯特率先证明了这一点：在三维欧几里得空间中没有双曲平面的图像始终表示长度。因此，图 4 不表示双曲平面的镶嵌，而是表示平面铺砌。

我们不得不对这个模型再次保形、角度保持不变这一事实感到高兴。因此，任何顶

---

[1]　曼海姆（Mannheim），1903 年。

图 4　双曲平面的三角形(2，4，6)铺砌,由罗伊斯·纳尔逊(Roice Nelson) 绘制

点两侧的黑色三角形的数量是两个、四个或六个。您可能想要计算距曲面铺砌三角形（2，4，6）中心固定距离(三角形数)处的三角形数。此计数与铺砌三角形(2，4，4)中对应的计数非常不同。

## 双曲平面的混叠

　　2015 年,俄亥俄州立大学 Pearl Conard 美术馆举办了数学艺术展。其组织者之一加里·肯尼迪(Gary Kennedy)要求我们贡献一个基于"Chmutov 表面"的雕塑,以纪念谢尔盖·赫穆托夫(Sergei Chmutov)教授。为了理解这个表面,这里是我们需要的代数,定义为：

$$F(x,y,2)=8(x^4+y^4+2^4)-8(x^2+y^2+z^2)+3$$

　　对于任何实数 $c$,我们会说 $S(c)$ 表示三维空间中满足方程 $F(x,y,z)=c$ 的所有点 $(x,y,z)$,我们称它们为"轮廓曲面"。$c=1,c=0$ 和 $c=-1$ 的轮廓表面如图 5 所示。对于 $c=1$,轮廓包含六个节点(表面不光滑的尖点)对应于立方体的面;对于 $c=-1$,轮廓包含与同一立方体的边对应的十二个节点。赫穆托夫（Chmutov）和赫策布鲁赫（Hirzebruch)[1]首次研究了这个表面。

———————————

① 　班科夫(Banchoff)，1991 年。

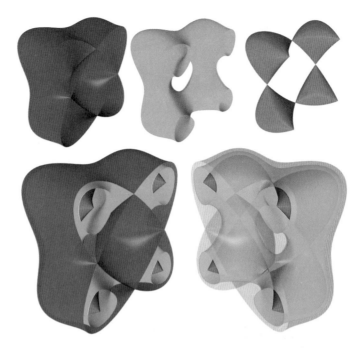

图 5　表面 S(1)的一半(蓝色),S(0)(绿色)和 S(−1)(红色)

左下角:根据班科夫(1996 年)的说法,这些半表面在空间中排

列在一起

右下角:相同的,以更高的透明度绘制

　　我们对雕塑的最初想法是在 S(0)轮廓周围包裹一个双曲线的铺砌;由于表面包含多个孔,因此不适合使用球面或欧几里得铺砌。要决定使用哪种双曲铺砌,首先要注意每个轮廓 S(c)与立方体具有相同的对称性。如果我们沿着立方体的所有对称平面切割 S(c),如图 6(a)所示,我们会发现 Q(c)部分——一个在空间中变形的四边多边形(图 6(b))。通过映射这部分,我们可以重建整个表面。Q(c)部分具有 60°,60°,90°的角度以及在每个角的 90°。

　　根据均匀化定理[1],只有一种方法可以将 Q(c)排列在双曲平面中,并使其具有所需的角度。Confoo[2] 程序则执行必要的计算。Q(c)部分的边缘因此具有双曲线长度。如果垂直边的长度正好是顶边长度的一半,我们可以将 Q(c)分成四个三角形(2,4,6),两个黑色和两个白色。

---

[1]　保罗德・圣・热尔维斯(Paulde Saint-Gervais),2010 年。

[2]　博本科(Bobenko)等人,2015 年。

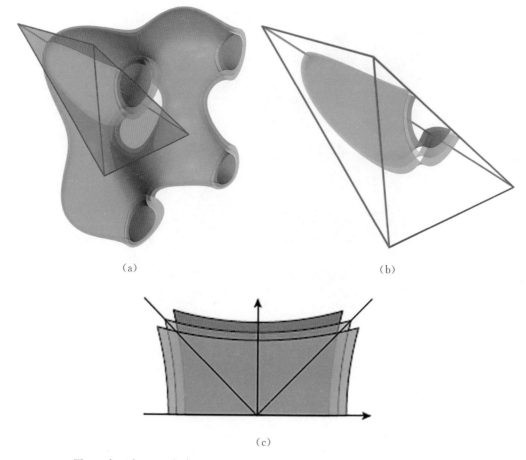

(a)  (b)

(c)

图 6　表面为 $S(0)$（绿色）、$S(-0.241\,1\cdots)$（黄色）和 $S(-0.5)$（橙色）的部分

在左侧，表面 $S(c)$ 的一半，对称平面用蓝色绘制

在中间，为 $Q(c)$ 部分

在右侧，这些部分排列在双曲面平面中

　　然而，$Q(0)$ 并非如此！如图 6(c)，我们看到绿色矩形太宽了。如果我们将 $c$ 从 0 增加，我们就会到达图 5 中的蓝色表面，它在立方体的表面上有六个节点。对于 $Q(-0.5)$，橙色矩形太长了。如果我们继续从 $-0.5$ 减少 $c$，我们会到达图 5 中的红色表面，它在立方体的边缘有十二个节点。表面在一个方向靠近面变得太细，同时也在另一个方向靠近边缘变得太细。

　　那么让我们再次使用金发姑娘的原理。通过二进制搜索，我们发现 $c \approx -0.241\,1$ 给出了一个完美匹配的 $Q(c)$。相应的黄色矩形，如图 6(c) 所示，与位于图 4(2,4,6) 中心正上方的四个白色和黑色三角形完全相同。工作结束后，我们实现了图 1 中的雕塑。

　　计算铺砌中的三角形是一项有趣的练习。有没有比一个一个地计算三角形更快的方法？

图 7 《Conformal Chmutov 的雕塑》，黑白铺砌的剪辑

# 致　　谢

　　题为 Conformal Chmutov 的雕塑是由加里·肯尼迪为俄亥俄州立大学的 Pearl Co-nard 美术馆制作的（图 7）。我们感谢马丁·冯·加根（Martin von Gagern）和鲍里斯·斯普林伯恩（Boris Springborn）对 Confoo 的帮助。我们感谢罗伊斯·纳尔逊绘制的图 4。其他图形和 3D 打印是使用 Python，POVray，Rhino 和 Shapeways 制作的。

# 参考书目

Banchoff Thomas F．，1991，《Computer graphics tools for rendering algebraic surfaces and for geometry of order》，*Geometric analysis and computer graphics*，Berkeley，CA，1988，volume 17 of *Math. Sci. Res. Inst. Publ.*，p. 31-37，Springer，New York．

——，1996《The best homework ever? 》，*Brown Alummni Monthly*，97(4)，p. 30-31.

http://www. math. brown. edu/~banchoff/BHE. pdf.

Bobenko A. I. , Pinkall U. , Springborn B. A. , 2015,《Discrete conformal maps and ideal hyperbolic polyedra 》, *Geom. Topol*, 19(4),p. 2155-2215.

Gagern M. von, Confoo, 2009, http://martin. von-gagern. net/projects/confoo/.

Hilbert D. ,1901,《Ueber Flächen von constanter Gaussscher Krümmung》,*Trans. Amer. Math. Soc.* , 2(1). p. 87-99.

Mannheim A. , 1903,《Sur le théorème de Schoelcher 》, *Nouvelles annales de mathématiques: journal des candidats aux Écoles polytechnique et normale*, 3, p. 105-107.

Paul de Saint-Gervais H. , 2010, *Uniformisation des surfaces de Riemann. Retour sur un théorème centenaire.* ENS Éditions.

Springborn B. , 2008,《Peter Schröder, and Ulrich Pinkall. Conformal equivalence of triangle meshes》, *ACM Trans. Graph.* , 27(3):77:1-77:11, August 2008.

# 如何保藏已成为艺术品的科学文物

作为一定历史时期人类活动的有形代表物,物质文化遗产见证了创造它们的文化过程。故而它们得以同时具备历史、文献、审美、科学、政治、宗教等多方面价值。它们的保存使得人们既可以懂得它们最初的用途用法,也可以理解它们的历史。

弗雷德里克·文森特
(Frédérique Vincent)

出于上述原因,使其得到完整保存并预防可能的损害是至关重要的,无论损害是自然的(虫蛀、光照、灰尘等)还是人为的(破损、失窃、处理不当等)。并且当文物必须修复才能"存续"或展示时,合理的科学措施就非常关键。

因此,在采取干预措施之前就应该观察、研究、记录文物,理解其当前状态并建立诊断,这样有助于在尊重文物自创制以来的历史轨迹的前提下明确干预目标。

19 世纪末为了满足教学需求批量制作了一系列数学模型,以帮助学生们"看见"立体的全貌。在教师与科研人员的日常使用中,这些模型物质性的方面并没有得到优先关注,其数学方面的展示才是核心所在。因此,其地位是工具性的,是具有科学价值的"实用"物件。

尽管如此,其数学价值及其美学品质仍然激励了一些艺术家,这些艺术家中不仅有曼·雷,马克斯·恩斯特(Max Ernst),也有安托万·佩夫斯纳(Antoine Pevsner)与瑙姆·加伯(Naum Gabo),也许还有保罗·梅蒙(Paul Maymont)这样的建筑师。这批文物的地位已经变迁,其美学价值必须得到与其科学价值同等的考量。

如今这些文物在一些大型国际艺术展中陈列,比如 2015 年华盛顿的菲利普收藏馆主办的展览《曼·雷——人体方程式,一场从数学到莎士比亚的旅行》就借了 IHP 的几件模型出展。因此值得予以与艺术品同等的悉心照料,同时也不能忘却其科学与"实用"的特性。

大部分数学模型的尺寸都较小,材质主要有石膏、木材、纸板与卡纸、金属、棉线或麻线、油彩。一些模型只用一种材质,但大部分是复合材质,这也就意味着其组成材料的性质不同未必适用同样的储存条件(想想湿度测定对有机成分来说就比对于无机成分更重要)。

按照 IHP 图书馆所藏模型的情况,可以把主要的维护问题分类,并相应提出三种干预措施:

(1)预防性维护,限制或防止损害。

(2)治理性维护,使正在发生的损害稳定下来。

(3)修复,更根本性的干预措施,还模型以原貌,便于研究与展示。

由于历史原因,一部分模型藏品陈列在图书馆的玻璃橱柜中,另一部分囤积在不适于文物保护的库房里。常常可以看到各种污垢,出于保护(灰尘是多种有害因子的载体:霉菌孢子,具磨蚀力或染色的微粒,可以导致生锈的吸湿因子等)或美观(灰尘使文物毁容,遮蔽某些信息,例如金属丝的颜色,这就导致可读性下降,给理解文物带来困难)的考虑,亟待清洁。

永久暴露在光照下引起有机成分的脆化(纸张、纸板、棉线、麻线变得易碎),紫外线与光强对制作材料的组成分子有影响。光照也带来丢失信息的风险(例如写在纸质标签上的数学公式会褪色继而消失)。事实上光照会使材料以持续且不可逆的方式劣化,应当尽可能地保护文物避免光照。

不适宜的气候条件,例如夏季的高温或在模型的不同储藏场所的温度与湿度波动,也导致了纸材畸变,某些金属锈蚀,线材反复绷紧松弛直至断裂,彩绘层隆起,或者金属在生锈之后失去光泽。

最后,人也是导致劣化的重要因素。因为数学模型长期被视为学习工具而非文化遗产,所以对它们的操作并不总是小心翼翼的,这就会带来破洞、变形、褶皱、碎片等。因其历史与储藏条件已变得脆弱的材料上,哪怕指痕都是种伤害。

用不合适的不干胶标签打上的"野蛮"标记,或者用胶带做的修补,这些都是今日应当消除的痕迹,因为它们固然见证了人类的使用,却毁坏了模型的容貌(棕色斑点),而且会加速劣化的进程(老化的黏合剂引起支座氧化)。

专业人士自身都可能成为劣化的源头:这些模型已经承受了不尊重其完整(科学的与/或美学的)价值的"修复"。兹举一石膏模型为例。这件模型在破裂之后得到了修复,但没有原样复刻其上的数学线条(如今已了无所见)。这件模型经过干预恢复了物质上的连贯性,但丧失了部分完整性,因为它最初的含义已经不得而知。

因为这是件文化遗产,所以既不可忽视其科学侧面,也不可无视其美学侧面。当不得不施以根本性干预措施时,必须募集一支多学科小组;这支小组要聚集保护与修复方面的专家——如有必要,他们的专长应当是与数学家互补的(例如擅于木材、金属与纸张的研究），以提出必要的先决问题，做出合适的诊断来确保结果。比方说，如果观察到模型制成后用铅笔画上去了晕线或字迹，那么如何评估这些附加物的重要性以及是否应当保存它们呢？重装断裂或遗失的丝线只能由修复师在数学家的指导下进行，这名数学家应当懂得与模型有关的公式，认得誊抄在模型上的笔迹。

最后，绝对必不可少的是，秉着对文物完整性的尊重，确保修复措施在将来具有可逆性，并且忠实记录所施行的干预。

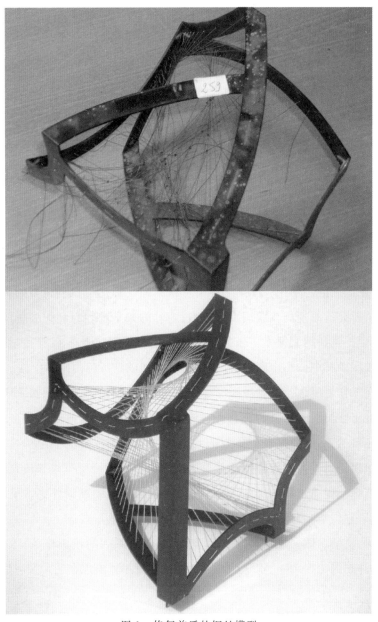

图 1　修复前后的钢丝模型

# 曼·雷于庞加莱研究所：
# 由数学物品到莎士比亚方程的转变[①]

阴暗的走廊，一排橱窗中陈列着数百件奇怪的，被灰尘覆盖的数学物品——它们有木制的，石膏的，混凝纸浆的，金属的，铁丝的，绳子的，玻璃的，胶水的，明胶的，纸制的。这些形式源于数学家的疯狂，这种疯狂除了给抽象的视觉以具体的表达之外，没有任何目的；它们也源于一种深刻的信念，这种信念变成了满足的激情，并取代了在鲜有研究的领域中令人失望的幻想。[②]

爱德华·塞布林
(Edouard Sebline)
安德鲁·施特劳斯
(Andrew Strauss)
海琳·威尔金森
(Hélène Wilkinson)

1934 年或 1935 年，美国超现实主义艺术家曼·雷发现了庞加莱研究所收藏的大量数学模型，而在此之前艺术家马克斯·恩斯特就已向他指出了这些模型的存在。曼·雷所访问庞加莱研究所的经历让我们不禁猜测：当时的数学家们已经失去了使用模型的习惯，任它们在尘土飞扬的橱窗里苦苦挣扎。这些数学模型令曼·雷着迷，他从六百件模型中挑选并收藏了其中的三十四件，以创作出一系列极具特色的摄影作品。

就像他在工作室里进行人物摄影那样，曼·雷用他的设备拍摄庞加莱研究所的数学模型。为了突出它们引人注目的形状，这些模型被放置在朴素的布景前，并配合摄影棚的照明以补充自然光，从而创造出更强的戏剧效果。大多数情况下，曼·雷选择成对地对模型进行拍摄。尽管大多数模型都是为了让数学家作为一个整体来研究而设计的，但曼·雷故意选择不遵循这种分类法，而是根据模型的形状和视觉外观将模型联系起来。在某些情况下，它们被"恶意"地叠加在一起，以创造全新的形式。

起初，曼·雷的意图是以这些照片为灵感，创作一系列的绘画作品。这个计划显然被搁置了，也许是因为在 1936 年 5 月，当其中的 12 张照片出现在艺术杂志《艺术手册》上

---

① 爱德华·塞布利，2015 年，安德鲁·施特劳斯，2015 年。
② 曼·雷，约于 1944 年。

时，这些照片本身便在超现实主义者中声名鹊起。随后，曼·雷完全改变了他最初为这本绘画集拍摄的照片。为了将每一个模型从原来成对的组合中分开，他拍摄了对比鲜明的照片，并对照片进行了紧密的裁剪。新照片的构图强调了形状的奇特，曼·雷摄影创作过程的每一个阶段都倾向于实现超现实主义"陌生化"的目标，将物体的现实与有形的部分从以往的空间环境中抽离。曼·雷的一些照片是模棱两可的，混乱的，而另一些照片则强调了模型明显的人性特征，它们有时戴着面具出现，有时作为完整的实体出现。正如曼·雷在 1972 年对一位记者所说："我只要看到任何东西，它就能立即给我一个想法。无论是看一张脸，一个物体，还是看一个事件，它们都会立刻告诉我该以何种方式将它们展示出来。"①

这一期的《艺术手册》正是由超现实主义的领袖和诗人——安德烈·布勒东（André Breton）为了配合自己在巴黎拉顿画廊举办的超现实主义物品展而筹划和出版的。这期杂志展示了各种形式的物体，有超现实的或自然的，也有发现之物或数学模型。布勒东试图通过大量的作品来证明自己的观点，按照他的话来说，"超现实主义趋向于引起一场关于物品的彻底性的革命。像这样被聚集起来的物品通过简单的角色转换，便能与我们周围的物品区别开来"。② 五年前，布勒东是第一个形成关于物品的概念的人，他认为：物品能够超越其明显的功能性，表现出新形式，从而改变物品的意义。其发表于《艺术手册》上的《物体的危机》一文便开拓了他的思想，他认为"两个图像之间相互关联的能力"将引发"物品无限的潜能"③。布勒东将曼·雷的数学模型照片看作物品存在潜在可能性的例子，并随该文章出版。

每个模型都附有其数学描述。然而，在《物品的危机》的结尾，布勒东邀请读者"根据我们的意愿来解释它们，以便使它们适合于我们"，并为这些模型提出了自己的一系列标题。这样一来，"四阶代数曲面模型"变成了"玫瑰戒指"，"直纹（曲）面模型"被叫作"如是说……"④。因此，这些物体的超现实主义转变来自于它们显化的（数学）内容和潜在的（诗意的）可能性之间的相互作用。

《艺术手册》所引起的争论的核心问题在于：模型以及曼·雷的照片是否应该被认为是抽象的。布勒东认为："思想产生的过程是由抽象到具体的过程"⑤。曼·雷在 20 世纪 40 年代发展了布勒东的这种说法，他将模型描述为"由数学家的疯狂而产生的形式，这种

---

① 布尔雅德（Bourgeade），1972 年，第 107 页。

② 布勒东，1936 年，第 24—25 页。

③ 布勒东，1936 年，第 22—23 页。

④ 布勒东，1936 年，第 26 页。

⑤ 布勒东，1936 年，第 25 页。

疯狂除了给抽象的视觉以具体的表达之外,没有任何目的"。① 然而,在后来的一篇文章中,曼·雷说道:"由于代数方程代表了最抽象的概念,用具体的构造来证明它们似乎是完全不合理的……我提到了这种非理性的方面,而它又恰好使这些物体非常适合作为绘画的主题。"②直到十几年后,在另一片大陆上,曼·雷才得以将他的模型照片转化为一系列画作。1940 年,为了躲避欧洲战乱,曼·雷重返美国,直到 1951 年,他一直在好莱坞生活。在那里,他发现了一个对电影业和名人充满热情,对现代艺术则充满矛盾的社会。然而,对曼·雷来说,这是一个非常高产的时期,他开玩笑地说:"好莱坞涌现的超现实主义比超现实主义者在他们的旧时代所能发明的任何东西都要多。"③

1947 年,曼·雷回到巴黎做短暂拜访后,找回了许多在战争开始时被遗弃的作品,其中就包括数学模型的照片。是时候开展这个他在十年前就设想过的项目了。他后来写道:"当我画它们的时候,我没有完全复制它们,而是用模型组成一幅画。我改变比例,添加颜色,不考虑数学的含义。有时我甚至会引用一些意想不到的形状,比如蝴蝶或桌腿。当我完成了大约 15 幅这样的画时,我给它们起了一个总标题:莎士比亚方程式。"④曼·雷拒绝了布勒东在 1936 年所建议的标题,他选择用莎士比亚的戏剧的名字来命名他的每一幅新画——总共 23 幅。

他起初将他的系列画作命名为《人类方程式》,从而揭示了他将无生命的数学模型人性化的意图,而这些画作正是从这些数学模型中产生的。一些模型作为单独的角色出现,而另一些则结合在一起,它们如同在演戏般进行着对话。其中的一些背景是用道具装饰的,或用另一个数学模型,或用其他物品以暗示莎士比亚戏剧的某个方面。曼·雷的典型特点在于,他的某些作品不包含与莎士比亚的作品有关的任何联系;而另一些作品则鼓励观众去寻找这种联系。

由于曼·雷完全依赖他所拍摄的模型的黑白照片,当他开始在画布上作画时,他自由地改变和选择它们的比例和颜色。在他的名为《错误的喜剧》的画作中,他用三种原色——黄、红、蓝为一个形状简单的几何透视排列模型注入了生命:该模型由圆柱体,球体,立方体和圆锥组成(图1,图2)。在他的名为《哈姆雷特》的画作中,尽管最初模型的外形让他想起一个被程式化的白色大脑,但曼·雷把它描绘成了奥菲利亚的乳房(图3,图4)。他给模型涂上了肉色和大理石花纹表面,并在四个角的顶部各加了一个粉红色的点,从而把物体变成了一个乳房。《威尼斯商人》中丰富的象征意义尤为明显(图5,图6):在透视的背景下,独特的钢丝模型暗示了爱、金钱和欺骗的三角纠葛,这也是《威尼斯

---

① 曼·雷,约于 1944 年。

② 曼·雷,1953 年—1959 年。

③ 科普利(Copley),1974 年,第 2 页。

④ 曼·雷,1964 年,第 324—330 页。

商人》这部戏剧的核心。画作右侧的昆虫让人想起了戏剧中的一句名言:"飞蛾扑火"。而桃子可能代表了主要的女性角色——美丽而富有的鲍西娅·德·贝尔蒙多(Portia de Belmont)。

图1 曼·雷,《数学物品》系列,1934年—1935年。此照片为
《错误的喜剧》的原型。明胶银印(盖蒂中心收藏,洛杉矶)

　　无论什么形式的作品,曼·雷的标志之一是他对构图的编纂,这使得他的创作意图模棱两可,并不得不对作品做出解释。在《莎士比亚方程式》中,曼·雷所使用的构图使观众尝试着立刻理解画作中的人物或场景。他后来解释说:"我们沉迷于游戏,试图让人们猜出与这幅画相配的戏剧是什么? 有时人们想的是正确的;当然,有时他们会搞错,这好极了!①"他的作品《安东尼和克利奥帕特拉》便显示出与戏剧中的人物的吻合性(图7,图9):名为《克利奥帕特拉》的模型五颜六色,兼具圆润的形和锐利的角,这暗示着她的个性,同时通过刻画天体——太阳、月亮和星星暗示了故事以悲剧结尾。名为《安东尼》的模型是由一些大的弯曲平面组成的,代表着一个罗马将军的盔甲。这两个模型被另一个由金属和铁丝组成的模型隔开,这可能是对两位统治者统治下的埃及和罗马帝国之间非常微妙的外交关系的暗示。

---

① 曼·雷,1954年。

图 2　曼·雷,《错误的喜剧》,1948 年,油画(私人收藏)

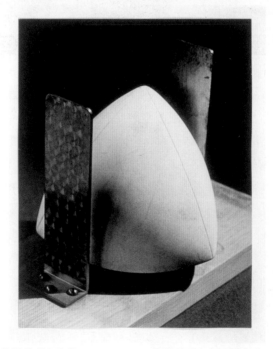

图 3　曼·雷,《数学物品》系列,1934—1935。此照片为《威尼斯商人》的原型。明胶银
印(西尔维奥·珀尔斯坦(Sylvio Perlstein)收藏,安特卫普(Antwerp))

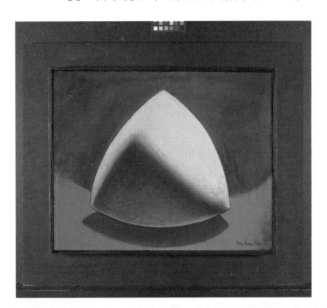

图 4 《哈姆雷特》,1949 年,油画(Cleveland 艺术博物馆收藏,洛克伍
德·汤普森(Lockwood Thompson)遗赠)

图 5 曼·雷,《数学物品》系列,1934—1935 年。此物品照片为《威尼斯
商人》的原型。明胶银印(国家博物馆,现代艺术,巴黎)

图 6　曼·雷,《威尼斯商人》,1948 年,油画(私人收藏)

图 7　曼·雷,《数学物品》系列,1934—1935 年。此物品与安东尼
　　　的性格相关联。明胶银印(私人收藏)

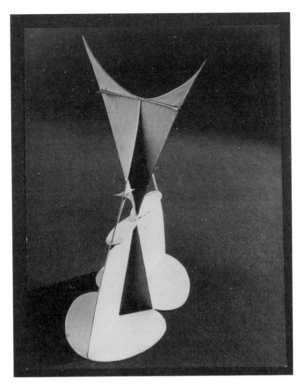

图 8　曼・雷,《数学物品》系列,1934—1935 年。此
　　　物品与克利奥帕特拉的性格相关联。明胶银印
　　　(私人收藏)

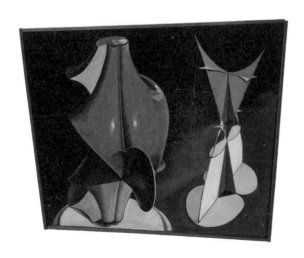

图 9　曼・雷,《安东尼和克利奥帕特拉》,1948 年,油画(私人收藏)

　　曼・雷的数学模型照片,以及后来他的《莎士比亚方程式》画作,有力地证明了他在
跨媒介方面的非凡能力。他的摄影经验使他看到,庞加莱研究所的数学模型不仅将抽象
公式可视化,而且提供了以拟人化的方式欣赏它们的可能性。他的绘画天赋为他提供了

必要的工具,从而能够将这些图片转化为一系列极具争议性的画作。也许最重要的是,他避开惯例的本能使他可以自由地以莎士比亚戏剧的名字命名每一部作品。归根结底,他把解释权留给了观众,在某些人眼中,这种行为或许极具超现实意义。

# 参 考 书 目

Bourgeade P. , 1972, *Bonsoir, Man Ray*, Paris, Pierre Belfond.

Breton A. , 1936,《Crise de l'objet》, *Cahiers d'Art*, vol. 11, no. 1-2.

Copley W. N. , 1974,《Portrait of the Artist as a Young Dealer by CPLY》, in *William Nelson Copley Papers*, Archives of American Art, Smithsonian Institution.

Grossman W. , Sebline E. , 2015, *Man Ray-Human Equations: A Journey from Mathematics to Shakespeare*, Ostfildern: Hatje Cantz Verlag.

　　Ce catalogue a étéédité à l'occasion d'une exposition du même titre où a été présenté l'ensemble des modèles mathématiques photographiés par Man Ray quiontsurvécu (l'exposition a eu lieu en 2015-2016 à la Phillips Collection, Washington, D. C. au Ny Carlsberg Glyptotek, Copenhague et au Musée d'Israël, Jérusalem).

Man Ray, vers 1944,《Object》, *in* Mundy J. ,2016,p. 183.

—,1953-1959, extrait de《Pepys Diary》, *in* Mundy J. , 2016. p. 371.

—,1954,《Painting of the Future and Future of Painting》, conférence à l'Institute of Contemporary Arts, Londres, 27 octobre 1954, manuscrit, collection particulière, Paris.

—, 1964, *Autoportrait*, Paris, Robert Laffont.

Mundy J. , 2016, *Man Ray: Writings on Art*, Los Angeles, Getty Research Institute.

Sebline E. , 2015,《The Lucid Hand: Seeing Mathematical Forms Through Man Ray's Lens, *in* Sebline, Strauss *et al.* ,2015.

Strauss A. ,2015,《To Be Continued Unnoticed: Mathematics and Shakespeare in Hollywood》, in Grossman W. et Sebline E. ,2015.

# 直纹面,佩夫斯纳与加伯雕塑中的构成要素

20 世纪 30 年代,数学模型曾是超现实主义者[①]与构成主义者[②]丰饶的灵感源泉。

伊娃·米吉尔迪希安
(Eva Migirdicyan)

1936 年,曼·雷把亨利·庞加莱研究所的数学模型放在黑色背景前,以精心选择的视角为它们拍了照。灯光与娴熟的裁剪为这样的场景调度添彩,使它突出了几何形状的奇异之美,增强了作品的表现力。曼·雷就这样转化了数学客体,将其变形为戏剧角色,后来又把它们冠以莎翁剧目之名画在画布上。马克斯·恩斯特从 1919 年开始就在科隆的塑料艺术展上表现数学客体,他是用艺术手法表现数学客体的第一人。他在 1936 年切割了 Martin Schilling 目录(译者注:详见本书藏品集一章)中的那些模型,并将其整合为他拼贴作品中的触发元素,以挑衅、恶搞或嘲讽。这位艺术家如此寻求对抗布尔乔亚的偏见,迫使观众反思他那个时代的大事件。无论是被拍摄还是被用作拼贴艺术中的构成要素,这些模型都失去了其数学内涵,而获得了新的意义。它们成了奇异意象的源泉,这些意象使得超现实主义者们可以表达理念、譬喻、感受等,而无需改动其艺术创作模式。(译者注:1934—1936 年间马克斯·恩斯特陪同曼·雷在 IHP 观摩这些数学模型,传说 IHP 的藏品也是前者安利给后者的。关于曼·雷在 IHP 的事迹,详见本书上一章。)

相反,在构成主义中这些模型保持着数学内涵,而且正是这种内涵决定了构成主义艺术作品的结构。因此苏黎世雕塑家马克斯·比尔(Max Bill)在 1935—1936 年间创作的《无穷无尽的带子》具有莫比乌斯带的形状。这个由李斯廷(Listing)与莫比乌斯(Möbius)发现于 1858 年的数学模型的特别之处在于只有一个侧面,也只有由一条闭曲线形成的边缘。换言之,它是单侧曲面。为了凸显这一单侧特性,版画家 M. C. 埃舍尔

① 维拉尼(Villani)和施特劳斯,2013 年,211—213 页。
② 伊娃·米吉尔迪希安,2011 年。

(Escher)画了一只在莫比乌斯带上无限循环的蚂蚁,这只蚂蚁无需跨越边缘就可以出现在原先位置的背面,也就是说这只蚂蚁一直在同一个侧面上爬行。蓬皮杜中心的现代艺术博物馆有一件 1962 年的花岗岩制品《无穷无尽的带子》,它在罗丹美术馆主办的国际雕塑展上展出时安德烈·马尔罗(André Malraux)购入了它。在这首个例子中,单件模型——莫比乌斯带——就足以构建作品。但更常见的是,一件艺术作品由几件几何模型组合而成。构成主义艺术家安托万·佩夫斯纳与瑙姆·加伯两兄弟的雕塑创作尤其如此,本章现在就来谈谈这一点。

瑙姆·加伯与安托万·佩夫斯纳是《现实主义宣言》的作者,1920 年 8 月他们在特维尔大街的一间戏台上办露天艺展时把这份布告贴遍了莫斯科的街头,这次艺展名为"安托万·佩夫斯纳的绘画,佩夫斯纳学派及瑙姆·加伯的雕塑展——Gustav Klucis"。[①] 这份宣言是构成主义——一场源自 20 世纪头 20 年俄国繁盛强烈的艺术活动的美学运动——发展史上的重要阶段[②]。安托万·佩夫斯纳的《雕塑作品加注全集》(*Catalogue raisonné de l'oeuvre sculpté*)中全文收录了《现实主义宣言》。在这份文本中,兄弟俩确认,没有了艺术家的自由与无私,艺术与灵性的革命就不可能进行。回忆起他与加伯在第一次世界大战期间成果丰硕的讨论,佩夫斯纳声称:

> 那时我俩都醉心于深度问题,力图在空间中创造深度。正是那个时候我们开始基于时空的哲学,发展起我们的构成主义观念。我们探索一种利用虚空并且把我们从结实的量块(la masse compacte)[③]下解放出来的方式。

与在一块木材或者大理石中凿刻的传统雕塑家不同,佩夫斯纳和加伯从虚空中开始创作。如此,他俩将《现实主义宣言》中声明的原则付诸实践。为了扬弃"作为雕塑元素的质量",为了表明"深度是空间的唯一形式",他们开始逐步使用金属、玻璃和塑料这类新材料。从 1916 年开始,加伯在系列作品《头》与《动态结构》(1920)中用金属建造了蜂房结构(译者注:不懂此处的"蜂房结构"所言何物,可能有偏差)。他接下来在作品《柱子》(1922)以及在 1924 年到 1929 年的系列作品《空间中的结构》中引入了玻璃和塑料这类透明材料。然后,塑料的分量越来越重,直到 1937 年后成为专用材料。佩夫斯纳采取

---

① 马卡德(Marcadé),1995 年,第 76 页。

② "构成主义"一词在 1920 年时还不存在。直到 1922 年 1 月这个词才在介绍三位年轻艺术家 Médounetski, Vladimir 与 Guéorgui Stenberg 的作品展的宣传册《构成主义者》中公之于众。

③ 佩夫斯纳,1956 年,第 30 页。

了逆向路径，他的画家经历使他首先就选择了由"光谱游戏"来染色的透明塑性材料。然后金属渐渐进入他作品的构造中，20 世纪 30 年代金属成了主要成分。自 1935—1936 年起，佩夫斯纳与加伯创作出一整套本质上用直纹面——由直线生成的曲面构成的雕塑，如安托万·佩夫斯纳在与罗沙蒙德·贝尔尼尔（Rosamond Bernier）的访谈中指出的那样：

> 在我当前的工作中最重要的是……，现在我全部的雕塑赖以建立的原则，就是只用直线。您会看到，比方说我 1938 年的作品《可展曲面》中出现了曲面，我的其他作品形状也是如此……；但这些曲面，通常是非可展直纹面，只要用直线段并排安置就可作成[①]。

尽管瑙姆·加伯和安托万·佩夫斯纳都运用直纹面作为其构造中的构成要素，这两位雕塑家在所用技法与材料选择上都有明显区别：加伯使用塑料，而佩夫斯纳使用金属。

瑙姆·加伯通过在框架上紧绷尼龙绳或金属丝来搭建其雕塑中的直纹面。这一手法直接源于画法几何之父加斯帕·蒙日及其学生希欧多尔·奥利维尔（Théodore Olivier）发明的方法。事实上，后者曾于 1814 年通过在金属框架上绷紧丝线建造了一张旋转双曲面与一张双曲抛物面。借助于这一技法，加伯创作出一系列包含双曲抛物面的雕塑，还有使用其他数学模型的作品，诸如螺旋曲面（*maquette pour la 52ᵉ rue du Projet pour le building Esso*，1949），可展曲面（*Copstruction Bijenkorf*，1957，*Sculpture monumentale érigée à Rotterdam*，1957）与三次直纹曲面（*Construction tinéaire dans l'espace n°2*，1949/1972）。在那些含有双曲抛物面的雕塑中，框架在形状与材料两方面都是可变结构：在作品《空间中的线性结构：第 1 号》（1942 年）与《悬挂结构》（1957 年）中是透明的有机玻璃（Perspex），在作品《空间中的线性结构：第 3 号》（1952 年）与《空间中的线性结构：第 4 号》（1955 年）中是不透光的塑料，而在作品 *Torsion Variàtion*（1962 年）中还是金属。线条紧绷在框架的两条不同边缘之间，位于竖直平面内。尽管等轴双曲抛物面是这些雕塑中出现的唯一一类直纹面，但加伯懂得灵巧的同时变动曲面的数目、分布，以及曲面赖以固定的框架的结构，由于他的这种创造才能，每件作品仍然是独一无二的[②]。在作品《空间中的线性结构：第 2 号》中，加伯在两块透明有机玻璃材质的曲线板材上绷上尼龙绳，背靠背地安装了两块直纹三次曲面模型。1968 年加伯将这件作品的一个版本赠

---

① 佩夫斯纳，1956 年，第 33 页。
② 米吉尔迪希安，2014 年，第 154 页。

送给了伦敦泰特(Tate)美术馆,以纪念他的故友,不列颠艺术史家赫伯特·里德(Herbert Read)。

佩夫斯纳是将锥面与柱面之外的可展曲面引入雕塑的首位艺术家。加斯帕·蒙日在 1771 年定义了可展曲面[①],这是以任意一条空间曲线为准线,以其全体切线为母线生成的直纹面(译者注:欧拉证明了在 3 维空间中可展曲面在局部上有且仅有柱面、锥面与空间曲线的切线族形成的切线这 3 类;另一方面存在双曲抛物面这样非可展的直纹面,因此 3 维空间中的可展曲面是直纹面的子类。传统上"可展曲面"常常被定义成是一种直纹面。可更合适的定义是"高斯曲率为零的曲面"。按照这个定义,高维空间中存在非直纹可展曲面。希尔伯特与康福森合著的《直观几何》便以这样一个例子作为全书的结束,这就是著名的平坦胎面,其高斯曲率处处为零,但不可能是个直纹面;克莱因瓶也可赋以平坦度量,并且胎面与克莱因瓶是唯二的可以平坦化的闭曲面。从这个意义上说,"可展"是个内蕴的微分几何性质,但"直纹"不是,这是两个不同范畴的几何观念。)。如此实现的首件作品是《切线》(1935 年—1936 年),其中切线是用焊在一块弯曲的金属板上的一些金属杆实现的,准线由金属板的边缘勾画出来。后来在佩夫斯纳的大部分雕塑中都出现了可展曲面的身影,或者是作品的主要成分,或者与不同结构的直纹面结合起来。首批作品的构造或者借助于带实体化切线的弯曲金属薄板,或者使用焊接的金属杆(《切线,为机场建的结构》(1937 年)),或者通过在板材上切刻凹槽(《可展曲面》(1938 年)),或者再在这些凹槽里插入杆件(《可展曲面》(1938 年—1939 年))。但从 1939 年开始,安托万·佩夫斯纳开发了一套与众不同的创作技法,这套技法足够新颖,值得予以特别关注:他沿着铜、青铜、黄铜、铁或其他各种金属的杆材焊接,来建造他的可展曲面,或者更一般的直纹面。他的工具不是传统雕塑家所用的工具,而是来自于技工的车间。1957 年在巴黎东京宫举办了佩夫斯纳作品回顾展,值此之际,让-保尔·克雷斯佩勒)(Jean-Paul Crespelle 在《星期日周报》上写道:

> 安托万·佩夫斯纳可能是世界上最奇特的雕塑家;他在几何创作中只用到焊工和铁匠的工具:氧气瓶,喷枪,防护眼镜……他耐心地把黄铜丝、锌丝和铜丝组装起来,构成雕塑的躯体。[②]

通过沿着一条线焊接的金属直杆来构造直纹面,安托万·佩夫斯纳创作了一整套雕

---

① 利伯曼(Libermann),2006 年,第 1 页。

② 克雷斯佩勒(Crespelle),1957 年。

塑，不仅包含可展曲面(《可展曲面》(1941 年)；《大教堂壁画》(1944 年)；《蛋里的结构》(1948 年)；《30 度角动态投影》(1950 年—1951 年)；《为了心灵自由的纪念》(1955 年—1956 年)；《凤凰》(1957 年)；《最后的冲动》(1961 年—1962 年，等)，也包含不可展直纹面。在后者中必须提到旋转双曲面(《可展支柱》(1942 年)；《冲动》(1953 年)；《和平支柱》(1954 年))，双曲抛物面(《胜利的可展支柱》(1946 年)；《三维与四维中的空间结构》(1961 年)(图 1)，等)，以及《支柱》(1952 年)，《孪生支柱》(1947 年)，《世界》(1947 年)；《苗头》(1949 年)与《动态构造》(1947 年)等作品中不同的直纹三次曲面模型。每件作品都由若干张直纹面构成，这些曲面常常有不同的结构。加伯必须借助于框架来绷紧线条，这给他施加了某些限制；而佩夫斯纳用焊接金属杆构造雕塑时不必受制于此。后者的创作得益于这种伟大的自由，这就解释了他以汪洋恣肆的想象与才情创造出来的形式的多样性。[①]

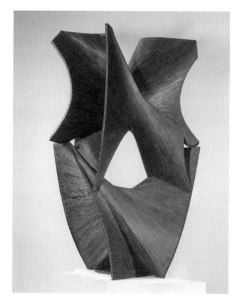

图 1

多亏了馆方的采购与艺术家遗孀维吉妮·佩夫斯纳(Virginie Pevsner)在 1962 年与 1964 年的两度捐赠，蓬皮杜中心现代艺术博物馆现在拥有全世界最为丰富的安托万·佩夫斯纳作品收藏。

---

① 米吉尔迪希安，2017 年。

# 参 考 书 目

Crespelle J.-P. , 1957, 《Pevsner sculpte avec une lampe à souder》, *Journal du Dimanche* , 6 janvier.

Gabo N. et Pevsner A. , 1920, 《Manifeste réaliste, 1920》, traduit du russe par Jean-Claude et Valentine Marcadé, *in* Lebon E. et Brullé P. , *Antoine Pevsner. Catalogue raisonneé de l'ceuvre sculpté* , Paris, Editions Pierre Brullé, 2002.

Libermann P. , 2006, *Géométrie différentielle classique* , Encyclopaedia Universalis v12,p. 1.

Marcadé J.-C. , 1995a, *L'Avant-Garde russe* , Paris, Editions Flammarion.

—,1995b, 《Le *Manifeste réaliste* et l'oeuvre d'Antoine Pevsner》, *in* Marcadé Jean-Clande ( dir ), *Pevsner* ( 1884—1962 ), colloque international, musée Rodin (décembre 1992), Paris, Art Edition.

Migirdicyan E. , 2011, *Les modéles mathématiques dans l'art du XX^e siècle* , Thèse de Doctorat, Université de Paris-Ouest Nanterre La Défense.

—,2014,《Le paraboloïde hyperbolique: figure emblématique du mouvement dans l'art du XX^e siècle》, *Cahier Pevsner I* , Paris Les amis d'Antoine Pevsner, p. 154.

—,2017, 《Les surfaces réglées dans les constructions d'Antoine Pevsner et de Naum Gabo, et en architecture》, *Cahier Persner 2* , Paris, les amis d'Antoine Pevsner.

Pevsner A. , 1956,《Propos d'un sculpteur》, interview par Rosamond Bernier, *L'oeil* , n°23, p. 30.

Villani C. et Strauss A. , 2013, 《Objets mathématiques》, *Dictionnaire de l'objet surréaliste* , sous la direction de Didier Ottinger, Centre Pompidou, Paris, Editions Gallimard.

# 将风吹向规则平面[①]

艺术为数学物品提供了一种新的视角。它揭示了直觉的具象外壳,使我们能够以不同的视角感知不同的空间。正是气动结构方面的工作使我走上艺术和科学交汇的道路。

安娜·雷瓦科维奇
(Ana Rewakowicz)
海琳·威尔金森
(Hélène Wilkinson)

图 1　《交谈气泡》,安娜·雷瓦科维奇(Ana Rewakowicz),奥达(Odda),挪威,2008 年

起初,我创造气动结构是因为我想看到人体的视觉表现由二维,即素描、色彩画和摄影转变为三维的多感官体验。我开始使用乳胶这种最接近皮肤的材料,并且制作出了我

①　作者感谢在编写本章的法文版时让－马克·乔马兹(Jean-Marc Chomaz)提供的明智的建议和中肯的解释。

的第一个艺术品——一个身体大小的"枕头",并在其表面覆上一种让人想起鸡皮疙瘩的纹理——一种我们的身体对于突然的兴奋、震惊、恐惧或不适而产生的不受控制的反应。后来,我从立方体和圆柱体转向研究球体,并学会了根据半径得到周长的函数公式 $c=2\pi r$,这个公式我至今仍在使用。几何学和气动结构之间有着明显的联系:如何将几个切割后得到的平面板像足球一样焊接在一起,从而制作出一个艺术品呢?这项任务并不简单,因为设计者必须预测压力,并挽回由于压力的张力膨胀而造成的结构变形。当我创作《交谈气泡》时,我又回到传统的方法,先用黏土做一个比例模型,用一些小纸条包住,从而制作出透明的塑料面板,即这些小纸条的复制放大版。然后把它们黏在一起,形成一个直径三米,高四米半的交谈气泡(图1)。

在研究圆顶和圆形物体的过程中,我发现了巴克敏斯特·富勒(Buckminster Fuller)的设计和他的协同学概念,一个试图展示自然是如何工作的坐标系(即他的"运算数学")。他利用几何学和拓扑学来衡量与我们的感觉(物理的和形而上学的)有关的所有信息,并表示部分和整体之间的相互依存的关系。富勒认为数学本质上是经验性的,他赞同了大卫·休谟(David Hume)的经验观点,即我们只知道我们能感知(观察或感觉)的东西,而无法知道我们经验领域之外的东西。富勒认为我们的视觉、听觉、触觉和嗅觉是我们接触现实的手段,且是"在有机地赋予我们个人的电磁感官设备的身体和感官可调节范围内"接触现实①;他解释说:"我们不知道的只是我们尚未协调的'东西'。"因此,我们可以把我们所理解的世界看作是身体的延伸②,这在达·芬奇的《维特鲁威人》(Vitrure de Léorand)中得到了很好的体现,而在《微观世界的宇宙学》(cosmografia del minor mondo)中展现了理想身体的比例与几何学之间的关系。③

因此,我们是否可以认为,数学规律隐藏在我们的身体里,且我们有责任去发现它们。它们是否独立于我们的研究而存在?绝对的真理存在吗?如果真理没有我们可以感知的物质性,那么它们是否存在?由于无法采用外部观察者的视野,一只沿着莫比乌斯带运行的蚂蚁永远不会察觉到它已经从薄片的一边进入另一边,如果在一个更大的空间里,它进入一个克莱因瓶,它也不会注意到它的图像已经被颠倒了,仿佛它已经通过了

① 译自"在物理和感官范围内的电磁感应设备的可调性,我们个人已被有机地赋予了了。"巴克敏斯特·富勒及阿普尔怀特《协同学:思维几何学的探索》,伦敦:麦克米伦出版社,1975年,1979年。

② 比如,手指或脚趾的数目相同,都是10个。

③ 《维特鲁威人》维基百科,自由的百科全书,2017年2月3日。

镜子。因此,我们是否可以说,我们需要"外部真理",其根据"第三视角"成为内部真理,以便认识我们的经验。如果没有柏拉图洞穴的阴影,我们就不会有认识洞穴的可能性。如果没有"第三视角",我们就会被困在无休止的自我重复的圈子和球体中。①

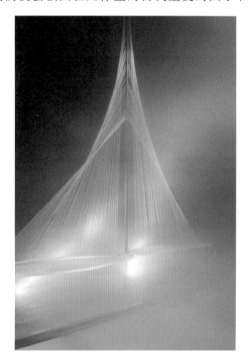

图 2　多孔帆研究,"集雾计划",安娜·雷瓦科维奇,让－马
克·乔马兹,卡米尔·迪普拉,2015 年

对"第三视角"的需求也许类似于巴克敏斯特·富勒所说的"翻转"效应的对称性。他写道:"在翻转的非同一性中,有可见和不可见之分。我们所谓的'可想象的'总是外化的。我们称之为'空间'的东西同样是真实的,只是被翻了出来,空间并不存在左右之分。"

克莱因瓶是由两条莫比乌斯带的边缘黏在一起制成的,形成一个没有边缘的单一曲面,它无休止地自我折叠(图 3)。正如莫比乌斯带,一个只能在三维空间中表示的二维曲面,克莱因瓶必须被整合到四维空间,否则它就会穿过本身。

---

①　译自"对于内部视角来说,存在可见的和不可见的时差。我们所说的可想象的东西总是在外面。而我们所说的空间虽然同样真实,但它是由内而外的,没有什么左右之分"巴克敏斯特·富勒及阿普尔怀特,同前。同上,《概念性》,p507.02。

图 3　克莱因瓶

　　两个侧面统一汇聚成一个连续的侧面,让人想起富勒对统一的定义:"统一是复数的,至少有两个,其中只有一个我们自发地认为是显然的。"①局部视野导致我们无法从另一个角度欣赏事物。我们可以毫不费力地在克莱因瓶里不停滑行,不留神就从一边到另一边,陷入无尽的绳结循环中。如果奇点代表不惜一切代价强迫的连续性,那么克莱因瓶可以被视为奇点的一个节点。就像克莱因瓶一样,奇点是难以想象的,有些人甚至认为它们是数学家发明的。② 其他人,如斯蒂文·斯特罗加茨(Steven Strogatz)认为奇点是自然界的一个组成部分,从一缕乱发到一场飓风。③ 无论我们将奇点视为现实还是数学家想象的概念,我们都可以坚决赞同它们为我打开了有趣的视角,但对于我来说在这其中定律还尚未被建立。无论是无风眼飓风的奇点,还是没有时区的北极,它们几乎提供了无限的可能性,因为我们永远无法预测风的方向或北极的确切时间。奇点代表着突破,是创造力、发明和非传统思维所必需的想象力的飞跃。

　　从根本上说,艺术和科学是基于对纯粹知识的渴望,而不是由明显或直接的具体应

　　① 译自"是复数,至少有两个,其中只有一个自然地被认为是明显的。"《概念性》,p507.03。
　　② 霍森费尔德,《奇点真的存在吗?》,现实的本质,2015 年 12 月 9 日。http://wwwbps.org/wg-bh/nova/blogs/physics/2015/12are-singularities-real
　　③ 斯特罗加茨,《单调性》,纽约时报,2012 年 9 月 10 日。https://opinionator.blogsnytimes.com/2012/09/10/singular-sensations/

用驱动的。不存在用于讨论数字、方程式或不同深浅颜色的"有用"的应用程序。即使是写实的风景画也体现了对外部表现的内部参考的抽象。艺术和科学本身都是语言,我们需要更好地了解它们。艺术创作中的数学挑战源于艺术家的意图,因为通常还没有数学模型来表示这些意图。

今天,我们的文化面临着专业语言的专业极端化发展问题。很早以前,在学校里,我们就被迫专注于一个特定的领域。这种方法导致了词汇量有限的单语"技术人员"的产生,并关闭了对话的大门。

为了实现更多的合作性创造,我们需要做到互换访问和使用不同的"语言"(不同学科的语言)。我们需要培养有文艺复兴精神的专家,而不是生产"单一结果"的"单一文化"。"我们的社会已经学会了只在线的一边找到逻辑和严谨,并希望所选择的一边……是在这条线内。"这种逻辑控制着我们偏见的自动调节,我们不断地被迫验证一方或另一方的说法。[①]

正如斯蒂文·斯特罗加茨在他的文章《从鱼到无限》中写道:"对于数学……,我们的自由在于我们提出的问题——以及我们处理问题的方式——但不在于我们期待的答案。"[②]我以同样的方式看待我的艺术创作方法,我提出问题,但不一定给出答案。我的目标是通过创建交流和各种互动的平台来引起前所未有的理解。我邀请观众按照他们的意愿来解释和做出反应;他们的反应并不总是我预期内的,但也不乏趣味。

气动结构使用曲面创造不同形状的体积。而规则曲面是通过在空间中移动一条线在没有体积的影响下创造不同的形状。在"集雾气"(Mist Collector)项目中,从第三视角来看,我们富有想象力地拉伸了传统上用于收集雾气的织物表面,把它拉伸至只剩下经线。在机械牵引下,这些无纬编织物呈现出规则表面的形式。与我之前的项目中通过压缩进入空间的膨胀曲面不同,这是张力使线束成形。因此,我们目前的研究试图找到用于从雾中收集水的理想规则曲面,并找到塑造该曲面的丝的密度。这些理想的规则曲面能否在不停止移动的情况下拨开云层并实现风干呢?

---

① 译自"社会被教育只在一条线的一侧寻找逻辑和可靠性,并寄希望于所选择的这一侧……可能在该线的内侧。这种逻辑是我们自身偏见的首要原因。我们不断地被迫地验证这条线的一边或另一边。"巴克敏斯特·富勒及阿普尔怀特,同前。同上,《运算数学》,p811.03。

② 译自"在数学方面……我们的自由在于我们提出的问题,以及我们如何追求这些问题,而不在于等待我们的答案"斯蒂文·斯特罗加茨,《从鱼到无限可能》,意见领袖。纽约时报,2010 年 1 月 31日。https://opinionator.blogsnytimes.com/2010/01/31/from-fish-to-infinity/

# 舍恩弗利斯族

我是偶然地在地中海沿岸一条路边的两个废弃人工鱼礁模块前发现数学模型的。2001 年,当我准备拍摄它们的时候,我不知道这些混凝土结构正好与自开普勒以来 13 个阿基米德多面体之一的菱形正八面体相对应。这是一个经常在透视学论著中出现的实体,今天我们仍可在庞加莱研究所里找到它的一个漂亮的石膏标本。①

拉斐尔·扎尔卡
(Raphaël Zarka)

这次相遇让我感觉像是一种考古发现。我的眼前出现了我可以制作的物品,一个布拉塞(Brassaï)称之为"无意识雕塑"(sculpture involontaire)的完美例子。从这个初始经验出发,我开始借助复制品,以"纪录片"模式实践雕塑,这些复制品的形式总是承载着原始物品的历史、背景或功能。我认为可以说我对形式的迁移感兴趣。而这种迁移,无论是意外的客观收获还是研究调查的结果,都常把我引到艺术领域之外,引到不同的背景下产生的形式,如滑板、伽利略力学或最近的晶体学。

1891 年,布里尔－席林出版了德国数学家和晶体学家阿瑟·莫里茨·舍恩弗利斯(Arthur Moritz Schoenflies)的一套模型,其主要著作《晶体系统与晶体结构》(*Kristallsysteme und Kristallstruktur*)也刚刚出版。舍恩弗利斯在完成这本书时意外得到了一位俄国采矿工程师尤格拉夫·斯捷潘诺维奇·费多洛夫(Eugraph Stepanovitsch Fedorov)的帮助。他们同出生于 1853 年,且出于一种奇怪的对称效应,费多洛夫正处于同一主题研究的同一阶段。舍恩弗利斯和费多洛夫精确地推导出 230 种空间群。最终结果确定:有 230 种铺设空间的方法,其中只有 17 种是在平面内。科学史家指出,这 17 个平面组已经被列入伊斯兰铺路艺术,在格拉纳达的阿尔罕布拉宫中也有不少于 16 个。我

---

① 这是 30 个半规则加泰罗多面体中的一个,该多面体是由查尔斯·米雷莱建立并在 20 世纪末出版的。见查尔斯·米雷莱:《用于教学、线描和学校的模型、平面图和平面图目录》,1890 年,第五章第三节(第 8 页)。

不得不承认,在这个阶段,我并不知道更多。我既不懂德语,也不懂数学,而且这本书几乎没有插图,所以我很少查阅有 665 页的《晶体系统与晶体结构》的 PDF 文件,不过我还是把它放在我电脑的"舍恩弗利斯"文件夹中。

在舍恩弗利斯模型里,我最喜欢的是邮购手册中描述的一套体现空间规则分割模型的小石膏物件[①]。(图 1)

图 1　阿瑟·莫里茨·舍恩弗利斯,模型ⅩⅨ,5,1891,石膏,11.7×19.6×11.7 cm

如果我们认为这只是一个用元素填充面积或体积的问题,其形状并不重要,只要它不留下空隙就可以铺设空间。那么从理论上说,密铺空间一点都不复杂。可用立方体或者相同体积的长方体,如砖块或搬家纸箱来很好的完成。但当我们试图探知哪些规则或半规则多面体具有这种特性时,事情就会变得更加复杂。它们的数量很少,实际上不超过五个,包括立方体,当然还有六棱柱、截短的八面体;拉长的十二面体和菱形十二面体。通过一个巧妙的"规则分割"操作,立方体被切成相等的部分,舍恩弗利斯设计了 10 个左右的模块,他从这些模块中构建了尽可能多的具体"块",以说明它们各自铺设空间的方式[②]。

您可能会问我为什么选择舍恩弗利斯? 比如为什么是他,而不是恩斯特·库默尔,

---

① 见《规则的空间区域划分的表现模式》1911 年希林目录的 45 页和 169 页。这是布里尔—席林公司出版的第十九套数学模型系列。这个系列包括 12 个型号。每个模型都有自己特定的砖块物,通常是由立方体的规则分割构成的。

② 第一批舍恩弗利斯模型的区块由 10 至 23 个相同类型的模块组成,它们可以是严格相同的,也可以是手性的,即像左手和右手一样对称颠倒。第九个模型由三个区块的四个模块组成。最后两种模型仅由少量的独立模块组成。

这位他在柏林的老师？他的"四次曲面"模型也不乏吸引力。为什么是舍恩弗利斯，而不是他在哥廷根的同学菲立克斯·克莱因？这位著名的四维空间瓶子创始人的名声远超数学领域。客观地说，"空间的规则分割"既不比阿尔弗雷德·克莱布施曲面或库恩曲面更神秘，也不比保存在庞加莱研究所的 600 个模型中的任何一个更出色。然而，如果说舍恩弗利斯的模型能快速引起我的注意，那是因为它们似乎奇特地让我觉得更容易接近并更熟悉。

每个模型都随意地固定了，我指的是出于科学以外的原因，一个无限的铺设过程。这就是使它们对我来说特别具有雕塑感的原因。在该系列中的任何一个区块中增加或减少一个模块都不会改变模型的功能。但它的形式，它的雕塑效果，会有很大的改变。我对舍恩弗利斯展现出的雕塑技巧非常钦佩，以至于我想知道他为了达到这样的效果而放弃了哪些构型。

曾有艺术家几乎独立地用石膏制作出一个与舍恩弗利斯模型中的某个区块一模一样的雕塑。这可能发生在 20 世纪 10 年代末俄罗斯的马列维奇的圈子里，也可能发生在荷兰风格派的艺术家中，他们打破了艺术家表达自己内心的浪漫主义愿景，用数学方法来构思作品中的形式、体积和色彩的分布。后来，在 20 世纪 60 年代中期，以用漆钢或白色大理石制成的舍恩弗利斯模型仍被当作托尼·史密斯(Tony Smith)或塞尔吉奥·卡马戈(Sergio Camargo)的作品。

今天的这些类比，这些矿物假象①，正是我对某些科学史的物体感兴趣的起源，它们的复制品使我能够追随艺术史学家所说的几何抽象来创作作品。这不是对雕塑中简单形式的使用进行幻想的考古学，对我来说，它是一种故意不合时宜的方法，在于借助早于它的物体来打开某些封闭抽象的大门。

当我发现舍恩弗利斯 5 号的模块的形状类似于一个截断的半金字塔②时，我首先想象自己在追随一系列的模块化的雕塑，"棱镜"③(Les Prismatiques)模块(图 2)，该项目在几年前就已经开始了。我用从一个橱柜制造商那里订购的木制部件，开始在车间里操作这个模块。不幸的是，我自己的作品似乎从未达到原模块的水平。我正准备放弃这个项

---

① 艺术史学家欧文·潘诺夫斯基(Erwin Panofsky)在其 1964 年出版的《墓地雕塑》一书中，将该术语定义为"出现一种形态 A，在形态上与形态 B 类似，甚至相同，但在基因上与之无关"，被伊夫－阿兰·博瓦(Yve-Alain Bois)在《假朋友的价值》中引用，见于 2016 年春《国家现代艺术博物馆手册》第 135 期，第 3 页。

② 使用布里尔－席林目录的命名法更准确地说，这是"XIX ,5 "型号，即该公司出版的第十九系列的第五个型号。这个型号也对应于 1911 年席林目录中的 370 号。

③ 这些作品是用紧固画布框的楔子为模型设计的，由同形状的、多种变化模块组合。

目,集中精力制作一系列不同的舍恩弗利斯模块的复制品,这时一些玩滑板的朋友建议我设计一个或多个障碍物,让他们在拍摄视频①时使用(图 3)。于是我们一致地认为,按长凳的比例制作的 5 号模块可能相当合适。

图 2　拉斐尔·扎尔卡棱镜,2011—2016 年,《拉斐尔·扎尔卡/奥雷利安·弗洛蒙》
(Raphaël Zarka/Aurélien Froment)展览图,屠宰场博物馆,图卢兹,2016 年

考虑到这一点,我最终决定舍弃空间铺设的规则,或者更确切地说,我决定让它们适应运动的几何学,以便再使用舍恩弗利斯另一个更适合滑板的作品。我所得出的构型是从第 329 号模块的具体形式出发的,但是,由于我不再着重强调各模块之间留有空隙的问题,我的模块就都不能说明一个严谨的空间铺设。

根据舍恩弗利斯的说法,我想到两种着手方式。第一种是要突出最具雕塑感的块的独特形式,这就是我通过制作"舍恩弗利斯族"所做的工作,该系列包括七个贴地放置的小樱桃木雕塑(2016 年)(图 4 和 5)。第二种则强调模块的组合可能性,这是我从 2015 年就开始实验的。我的实验是通过对 5 号模块的不同构型,在适用于滑板的"工具性"雕塑形式下进行的。第三种方法可能是使用空间规则分割的方法,以便用舍恩弗利斯的方式设想新的模块铺设空间。

①　"滑板"一词出现在这个文本中当然比在我的作品中更突兀,我的作品多年来一直以多种形式提到它。我想让最好奇的人看看我专门讨论这个问题的三本小作中的最后一本。《自由滑行,滑板,伽利略力学和简单形状》,B42 版,巴黎,2011 年。

图 3  拉斐尔·扎尔卡,《铺设空间》,2016 年,滑手西尔万·托涅利

图 4  《舍恩弗利斯族》展览图(克里斯蒂安·希达卡(Christian Hidaka)),翻转瞬
间(Les Instants Chavirés),蒙特勒依,2016 年

图 5　拉斐尔·扎尔卡,《伊丽莎白·舍恩弗利斯》,2016。翻转瞬间,蒙特勒依,2016 年

# 地　　球

一个风下呈现彩虹色的完美的球体悬挂着，它是如此之轻，以至于它似乎是被太阳的光线所支撑。自古以来，气泡就一直让我们着迷，它是一种模糊、美丽而脆弱的对象，源于我们对浸在肥皂水中的金属环吹气。气泡短暂而神秘，它们因此具有象征价值。罗马格言"Homo bulla"指"人是一个气泡"。17世纪，作为生命脆弱的象征，气泡在鹿特丹（Rotterdam）的伊拉斯（Érasme）或布瓦萨德（Boissard）的徽章中再次被采用，其中每个元素都被编入法典。几个世纪后，虚空派使人们对头盖骨和泡状物的观点在死亡的空洞凝视和保护气泡灵魂的虚幻和优雅之间形成两极。

让－马克·乔马兹（Jean-Marc Chomaz）

一个气泡将一个曲面实体化，一个二维空间展开在我们所熟知的三维空间里。它的形状是由一个简单的法则决定的：根据强加给它的条件，使其表面积最小化。

这个属性很容易理解。两种介质的分界面都是紧绷的，因为打破介质均匀需要耗费能量。以水为例子，在液体中，物质的内聚力来自于分子之间的吸引势能。对于每一个加入到液体中的分子，都会获得一个相互作用的能量 $\varepsilon$，而把一个分子从液体中分离出来则需要提供 $\varepsilon$。因此，蒸发 $N$ 水分子需要的能量是 $E=\varepsilon N$。如果 $V$ 是蒸发的水的体积，$\rho$ 是水的密度，$\mu$ 是水分子的质量，则蒸发的分子数为 $N=V\rho/\mu$，蒸发所消耗的能量 $E=\varepsilon V\rho/\mu$，而比热容则是 $\varepsilon\rho/\mu$。由于分界面上的每个水分子只有一半受到其他分子的浸泡，其相互作用能量只有 $\varepsilon/2$。因此，将一个分子从液体介质移动到分界面需要花费能量 $\varepsilon/2$。对于界面曲面 $S$，界面上的分子数为 $N=S(\rho/\mu)^{2/3}$，$(\rho/\mu)^{1/2}$ 是液体中分子之间的距离。创造曲面 $S$ 所需的能量是 $E=\varepsilon/2N=\varepsilon/2S(\rho/\mu)^{2/3}$。界面受到的单位长度上的力的作用，称为表面张力 $\Gamma$；其反对曲面产生的功是 $E=S\Gamma$，从而得到 $\Gamma=\varepsilon/2(\rho/\mu)^{2/3}$。

气泡膜由一个薄薄的水层组成，周围有两个边界面，被 $2\Gamma$ 张力拉紧。与其曲面相关的能量是 $E=2S\Gamma$。表面张力使气泡的表面不断变化，直到达到表面能量 $E$ 最小的稳定状态。一个封闭的膜形成了一个完美的球体，一个最小曲面，其半径由被困的空气体积决定；而在两个环之间拉伸的膜产生了一个悬链曲面（图1，图2）。

图1　305号悬链曲面的石膏模型

仅用一根蘸上肥皂液的普通铁丝，我们就有可能在接受轮廓约束的同时获得极小曲面，我们的设想将为其赋形。从我在空间中勾勒的涡卷线状图案中诞生了一个曲面，这个曲面衍生出一种神秘，一份激动之情，因为我们从中感知到了最小曲面创始的原理。

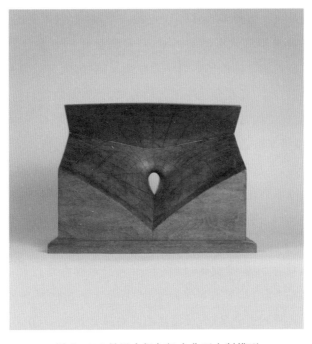

图2　303号恩内佩尔极小曲面木制模型

如果可以用皂液膜类推解决所有极小曲面中曲线之间拉伸的问题，而描述这些极小曲面的解析解是未知的，那它们作为实体科学模型的价值就还不止于此。

伊夫·库德（Yves Couder）是第一个意识到皂液膜也可以是一个二维流体的模拟模

型的人。对于这样的流体,在没有摩擦力的情况下,每个粒子表现得像一个小陀螺仪,其围绕自身的旋转率是守恒的。这意味着流体中粒子旋转率的所有函数对于任何积分量都是守恒的。这就是旋转速率的平方积分的情况,它的守恒防止了能量向小尺度的串级。事实上,对于一个给定的速度变化,当进行变化的尺度较小时,旋转率就越大,据此可推断在同等能量下,每个粒子的旋转率,以及总的涡度拟能,随着运动尺度的减小而增加。在一个二维世界中,能量向大尺度流动,出现聚集能量的大规模结构。这种转移的物理机制是相同特征的涡流的合并。然而在三维空间中实际上是不存在的(找到两个相同特征的平行涡旋的概率几乎为零),这种转移的物理机制在三维空间被相邻的涡旋拉伸现象所取代,这导致涡旋的半径减小,其旋转速度增加,就像一个舞者,当他把手臂靠近他的身体时,他的旋转加速。这一理论源于克里希南(Kraishnan,1972 年),在后续的十年里,在伊夫·库德开始的关于皂液膜的工作中得到了它的第一次实验验证。然而,二维流体在我们的宇宙中具有其他的物质性,因为星系、吸积盘、大气层或海洋都是薄层,其运动的横向连贯性因星体的旋转而变得更加突出。因此,地球的大气层表现得像一个二维流体,其结构可以在气象图上看到。

一个皂液膜,被我们呼吸的大气层的漩涡所激活,在一个圆圈上伸展并膨胀成半球形,成为一个星体的模型。但科学操作不仅仅是一个模型,它需要用一种可观察的物品来质疑现实,需要一种对不可见运动的揭示,一种测量和一种美学姿态,在词源学意义上,指它把研究对象带入感知的圈子。对于薄膜来说,它的两侧就像两面镜子,可以反射光线,但会有一点延迟,这与光在介质中的传播有关,下界面的反射被光粒子即光子在薄膜的厚度中来回传播所需的时间所延迟。因此,在单色光的照射下,薄膜出现交替明暗,这取决于其局部厚度是半波长的倍数还是四分之一波长的倍数。由于钠灯的光的波长在空气中是 0.59 微米,在水中是 0.42 微米,光从一个明亮的条纹到另一个条纹的变化相当于 0.21 微米的厚度变化。

在半球形膜的照片中,明暗的边缘体现了薄膜厚度的变化,根据梅尔尼科夫(Melnicov)数学定理的物理学原理,在这里发生了混沌的混合。

通过改变大小、曲率和星体旋转,该气泡探索了无数系外行星的动力学。《地球》(*Terra Bulla*),这部在"碳 12,艺术与气候变化"展览上展出的静态影片中,我们凝视着一个半泡状体,一个转瞬即逝的星球,被混沌的漩涡和羽流激活(图 3)。

它让我们感到,脆弱的不再仅仅是人的生存,而是整个生物圈存在和生命的本质。在当代虚空派中,*Terra Bulla* 是一个新的隐喻:地球是一个气泡,一艘被人类呼吸所引起的风暴卷走的短暂船只。

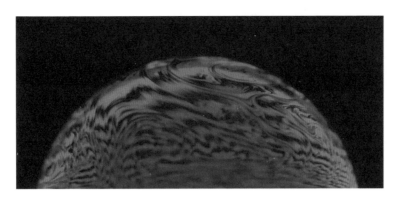

图 3　2012 年 5 月至 9 月在法国电力集团的 Electra 空间（l'espace Electra）举办的碳 12 展览中《地球》（*Terra Bulla*）视频的图片

# 作者简介

奥雷利安·阿尔瓦雷斯(Aurélien Alvarez)是奥尔良大学的教学研究人员,数学讲师。

弗朗索瓦·阿佩里(François Apéry)是上阿尔萨斯大学数学、计算机科学和应用实验室的荣誉讲师。

弗雷德里克·布雷琛马赫(Frédéric Brechenmacher)是巴黎综合理工学院的科学史教授。

让－马克·乔马兹(Jean-Marc Chomaz)是法国国家科学研究中心的研究主任,巴黎综合理工学院的教授,《流体力学》杂志的副主编,并作为研究艺术家参与了"艺术与科学"项目。

克莉丝汀－德扎尔诺·丹迪娜(Christine Dezarnaud Dandine),物理学博士和哲学博士,在皮埃尔和玛丽·居里大学教授理论化学和哲学。

弗朗索瓦·勒(François Lê)是里昂克劳德伯纳德大学卡米尔·乔丹学院数学史小组的讲师。

罗杰·曼苏伊(Roger Mansuy)是路易勒格朗中学预科班的数学和计算机科学教师。

安德烈亚斯·丹尼尔·马特(Andreas Daniel Matt)是一名数学博士,也是"创意计划"(projet Imaginary)的共同创始人。

伊娃·米吉尔迪希安(Eva Migirdicyan)曾在巴黎南部奥赛大学的分子光物理学实验室担任法国国家科学研究中心的研究主任,并拥有当代艺术史的博士学位。

艾琳·波罗－布兰卡(Irène Polo-Blanco)拥有数学博士学位,在桑坦德的坎塔布里亚大学的数学、统计和计算机科学系教授教学法和数学史。

安娜·雷瓦科维奇(Ana Rewakowicz)是一位跨学科的艺术家,她探索便携式建筑、身体和环境之间的关系。

大卫·E.罗威(David E. Rowe)是美因茨约翰内斯·古腾堡大学的数学和自然科学史教授。

丹尼斯·萨瓦（Denis Savoie）是一位天文学家和科学史学家。

索尔·施莱默（Saul Schleimer）在华威大学教授几何学和拓扑学。

爱德华·塞布林（Edouard Sebline）是一位独立的研究人员、策展人和达达主义、超现实主义和研究曼·雷的专家。

亨利·塞格曼（Henry Segerman）是俄克拉荷马大学的数学助理教授。

安德鲁·施特劳斯（Andrew Strauss）是苏富比拍卖行的专家，也是曼·雷作品目录的共同作者。

让－菲利普·乌桑（Jean-Philippe Uzan）是法国国家科学研究中心的研究主任，在巴黎天体物理研究所工作。2013 年至 2017 年，担任庞加莱研究所的副主任。

塞德里克·维拉尼（Cédric Villani），2010 年获得菲尔兹奖，2009 年至 2017 年担任庞加莱研究所主任。

弗雷德里克·文森特（Frédérique Vincent）是一位民族学物品保养顾问和修复师。

拉斐尔·扎尔卡（Raphaël Zarka）是一位法国视觉艺术家、摄影师、雕塑家和视频艺术家。

# 附录　关于本书图片的一并说明

为使引用图片出处的准确、直观性，此处保留了原文，不予翻译成中文。

除非另有说明，所拍摄的图片中物体均为亨利·庞加莱研究所（IHP）的藏品。

3；photo Aurélien Mole，figures 4 et 5．

## © **Gerd Fischer**

*La collection*：figure 11．

## © **François Apéry**

*La préservation d'objets scientifiques devenus oeuvres d'art*：figure 1．

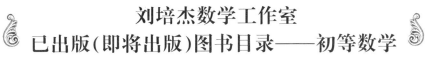

# 刘培杰数学工作室
# 已出版(即将出版)图书目录——初等数学

| 书　　名 | 出版时间 | 定　价 | 编号 |
|---|---|---|---|
| 新编中学数学解题方法全书(高中版)上卷(第2版) | 2018—08 | 58.00 | 951 |
| 新编中学数学解题方法全书(高中版)中卷(第2版) | 2018—08 | 68.00 | 952 |
| 新编中学数学解题方法全书(高中版)下卷(一)(第2版) | 2018—08 | 58.00 | 953 |
| 新编中学数学解题方法全书(高中版)下卷(二)(第2版) | 2018—08 | 58.00 | 954 |
| 新编中学数学解题方法全书(高中版)下卷(三)(第2版) | 2018—08 | 68.00 | 955 |
| 新编中学数学解题方法全书(初中版)上卷 | 2008—01 | 28.00 | 29 |
| 新编中学数学解题方法全书(初中版)中卷 | 2010—07 | 38.00 | 75 |
| 新编中学数学解题方法全书(高考复习卷) | 2010—01 | 48.00 | 67 |
| 新编中学数学解题方法全书(高考真题卷) | 2010—01 | 38.00 | 62 |
| 新编中学数学解题方法全书(高考精华卷) | 2011—03 | 68.00 | 118 |
| 新编平面解析几何解题方法全书(专题讲座卷) | 2010—01 | 18.00 | 61 |
| 新编中学数学解题方法全书(自主招生卷) | 2013—08 | 88.00 | 261 |
| | | | |
| 数学奥林匹克与数学文化(第一辑) | 2006—05 | 48.00 | 4 |
| 数学奥林匹克与数学文化(第二辑)(竞赛卷) | 2008—01 | 48.00 | 19 |
| 数学奥林匹克与数学文化(第二辑)(文化卷) | 2008—07 | 58.00 | 36′ |
| 数学奥林匹克与数学文化(第三辑)(竞赛卷) | 2010—01 | 48.00 | 59 |
| 数学奥林匹克与数学文化(第四辑)(竞赛卷) | 2011—08 | 58.00 | 87 |
| 数学奥林匹克与数学文化(第五辑) | 2015—06 | 98.00 | 370 |
| | | | |
| 世界著名平面几何经典著作钩沉——几何作图专题卷(共3卷) | 2022—01 | 198.00 | 1460 |
| 世界著名平面几何经典著作钩沉(民国平面几何老课本) | 2011—03 | 38.00 | 113 |
| 世界著名平面几何经典著作钩沉(建国初期平面三角老课本) | 2015—08 | 38.00 | 507 |
| 世界著名解析几何经典著作钩沉——平面解析几何卷 | 2014—01 | 38.00 | 264 |
| 世界著名数论经典著作钩沉(算术卷) | 2012—01 | 28.00 | 125 |
| 世界著名数学经典著作钩沉——立体几何卷 | 2011—02 | 28.00 | 88 |
| 世界著名三角学经典著作钩沉(平面三角卷Ⅰ) | 2010—06 | 28.00 | 69 |
| 世界著名三角学经典著作钩沉(平面三角卷Ⅱ) | 2011—01 | 38.00 | 78 |
| 世界著名初等数论经典著作钩沉(理论和实用算术卷) | 2011—07 | 38.00 | 126 |
| 世界著名几何经典著作钩沉(解析几何卷) | 2022—10 | 68.00 | 1564 |
| | | | |
| 发展你的空间想象力(第3版) | 2021—01 | 98.00 | 1464 |
| 空间想象力进阶 | 2019—05 | 68.00 | 1062 |
| 走向国际数学奥林匹克的平面几何试题诠释.第1卷 | 2019—07 | 88.00 | 1043 |
| 走向国际数学奥林匹克的平面几何试题诠释.第2卷 | 2019—09 | 78.00 | 1044 |
| 走向国际数学奥林匹克的平面几何试题诠释.第3卷 | 2019—03 | 78.00 | 1045 |
| 走向国际数学奥林匹克的平面几何试题诠释.第4卷 | 2019—09 | 98.00 | 1046 |
| 平面几何证明方法全书 | 2007—08 | 35.00 | 1 |
| 平面几何证明方法全书习题解答(第2版) | 2006—12 | 18.00 | 10 |
| 平面几何天天练上卷·基础篇(直线型) | 2013—01 | 58.00 | 208 |
| 平面几何天天练中卷·基础篇(涉及圆) | 2013—01 | 28.00 | 234 |
| 平面几何天天练下卷·提高篇 | 2013—01 | 58.00 | 237 |
| 平面几何专题研究 | 2013—07 | 98.00 | 258 |
| 平面几何解题之道.第1卷 | 2022—05 | 38.00 | 1494 |
| 几何学习题集 | 2020—10 | 48.00 | 1217 |
| 通过解题学习代数几何 | 2021—04 | 88.00 | 1301 |
| 圆锥曲线的奥秘 | 2022—06 | 88.00 | 1541 |

# 刘培杰数学工作室
## 已出版(即将出版)图书目录——初等数学

| 书　名 | 出版时间 | 定　价 | 编号 |
|---|---|---|---|
| 最新世界各国数学奥林匹克中的平面几何试题 | 2007－09 | 38.00 | 14 |
| 数学竞赛平面几何典型题及新颖解 | 2010－07 | 48.00 | 74 |
| 初等数学复习及研究(平面几何) | 2008－09 | 68.00 | 38 |
| 初等数学复习及研究(立体几何) | 2010－06 | 38.00 | 71 |
| 初等数学复习及研究(平面几何)习题解答 | 2009－01 | 58.00 | 42 |
| 几何学教程(平面几何卷) | 2011－03 | 68.00 | 90 |
| 几何学教程(立体几何卷) | 2011－07 | 68.00 | 130 |
| 几何变换与几何证题 | 2010－06 | 88.00 | 70 |
| 计算方法与几何证题 | 2011－06 | 28.00 | 129 |
| 立体几何技巧与方法(第2版) | 2022－10 | 168.00 | 1572 |
| 几何瑰宝——平面几何500名题暨1500条定理(上、下) | 2021－07 | 168.00 | 1358 |
| 三角形的解法与应用 | 2012－07 | 18.00 | 183 |
| 近代的三角形几何学 | 2012－07 | 48.00 | 184 |
| 一般折线几何学 | 2015－08 | 48.00 | 503 |
| 三角形的五心 | 2009－06 | 28.00 | 51 |
| 三角形的六心及其应用 | 2015－10 | 68.00 | 542 |
| 三角形趣谈 | 2012－08 | 28.00 | 212 |
| 解三角形 | 2014－01 | 28.00 | 265 |
| 探秘三角形:一次数学旅行 | 2021－10 | 68.00 | 1387 |
| 三角学专门教程 | 2014－09 | 28.00 | 387 |
| 图天下几何新题试卷.初中(第2版) | 2017－11 | 58.00 | 855 |
| 圆锥曲线习题集(上册) | 2013－06 | 68.00 | 255 |
| 圆锥曲线习题集(中册) | 2015－01 | 78.00 | 434 |
| 圆锥曲线习题集(下册·第1卷) | 2016－10 | 78.00 | 683 |
| 圆锥曲线习题集(下册·第2卷) | 2018－01 | 98.00 | 853 |
| 圆锥曲线习题集(下册·第3卷) | 2019－10 | 128.00 | 1113 |
| 圆锥曲线的思想方法 | 2021－08 | 48.00 | 1379 |
| 圆锥曲线的八个主要问题 | 2021－10 | 48.00 | 1415 |
| 论九点圆 | 2015－05 | 88.00 | 645 |
| 近代欧氏几何学 | 2012－03 | 48.00 | 162 |
| 罗巴切夫斯基几何学及几何基础概要 | 2012－07 | 28.00 | 188 |
| 罗巴切夫斯基几何初步 | 2015－06 | 28.00 | 474 |
| 用三角、解析几何、复数、向量计算解数学竞赛几何题 | 2015－03 | 48.00 | 455 |
| 用解析法研究圆锥曲线的几何理论 | 2022－05 | 48.00 | 1495 |
| 美国中学几何教程 | 2015－04 | 88.00 | 458 |
| 三线坐标与三角形特征点 | 2015－04 | 98.00 | 460 |
| 坐标几何学基础.第1卷,笛卡儿坐标 | 2021－08 | 48.00 | 1398 |
| 坐标几何学基础.第2卷,三线坐标 | 2021－09 | 28.00 | 1399 |
| 平面解析几何方法与研究(第1卷) | 2015－05 | 18.00 | 471 |
| 平面解析几何方法与研究(第2卷) | 2015－06 | 18.00 | 472 |
| 平面解析几何方法与研究(第3卷) | 2015－07 | 18.00 | 473 |
| 解析几何研究 | 2015－01 | 38.00 | 425 |
| 解析几何学教程.上 | 2016－01 | 38.00 | 574 |
| 解析几何学教程.下 | 2016－01 | 38.00 | 575 |
| 几何学基础 | 2016－01 | 58.00 | 581 |
| 初等几何研究 | 2015－02 | 58.00 | 444 |
| 十九和二十世纪欧氏几何学中的片段 | 2017－01 | 58.00 | 696 |
| 平面几何中考.高考.奥数一本通 | 2017－07 | 28.00 | 820 |
| 几何学简史 | 2017－08 | 28.00 | 833 |
| 四面体 | 2018－01 | 48.00 | 880 |
| 平面几何证明方法思路 | 2018－12 | 68.00 | 913 |
| 折纸中的几何练习 | 2022－09 | 48.00 | 1559 |
| 中学新几何学(英文) | 2022－10 | 98.00 | 1562 |
| 线性代数与几何 | 2023－04 | 68.00 | 1633 |

# 刘培杰数学工作室
## 已出版(即将出版)图书目录——初等数学

| 书　　名 | 出版时间 | 定　价 | 编号 |
|---|---|---|---|
| 平面几何图形特性新析.上篇 | 2019—01 | 68.00 | 911 |
| 平面几何图形特性新析.下篇 | 2018—06 | 88.00 | 912 |
| 平面几何范例多解探究.上篇 | 2018—04 | 48.00 | 910 |
| 平面几何范例多解探究.下篇 | 2018—12 | 68.00 | 914 |
| 从分析解题过程学解题:竞赛中的几何问题研究 | 2018—07 | 68.00 | 946 |
| 从分析解题过程学解题:竞赛中的向量几何与不等式研究(全2册) | 2019—06 | 138.00 | 1090 |
| 从分析解题过程学解题:竞赛中的不等式问题 | 2021—01 | 48.00 | 1249 |
| 二维、三维欧氏几何的对偶原理 | 2018—12 | 38.00 | 990 |
| 星形大观及闭折线论 | 2019—03 | 68.00 | 1020 |
| 立体几何的问题和方法 | 2019—11 | 58.00 | 1127 |
| 三角代换论 | 2021—05 | 58.00 | 1313 |
| 俄罗斯平面几何问题集 | 2009—08 | 88.00 | 55 |
| 俄罗斯立体几何问题集 | 2014—03 | 58.00 | 283 |
| 俄罗斯几何大师——沙雷金论数学及其他 | 2014—01 | 48.00 | 271 |
| 来自俄罗斯的5000道几何习题及解答 | 2011—03 | 58.00 | 89 |
| 俄罗斯初等数学问题集 | 2012—05 | 38.00 | 177 |
| 俄罗斯函数问题集 | 2011—03 | 38.00 | 103 |
| 俄罗斯组合分析问题集 | 2011—01 | 48.00 | 79 |
| 俄罗斯初等数学万题选——三角卷 | 2012—11 | 38.00 | 222 |
| 俄罗斯初等数学万题选——代数卷 | 2013—08 | 68.00 | 225 |
| 俄罗斯初等数学万题选——几何卷 | 2014—01 | 68.00 | 226 |
| 俄罗斯《量子》杂志数学征解问题100题选 | 2018—08 | 48.00 | 969 |
| 俄罗斯《量子》杂志数学征解问题又100题选 | 2018—08 | 48.00 | 970 |
| 俄罗斯《量子》杂志数学征解问题 | 2020—05 | 48.00 | 1138 |
| 463个俄罗斯几何老问题 | 2012—01 | 28.00 | 152 |
| 《量子》数学短文精粹 | 2018—09 | 38.00 | 972 |
| 用三角、解析几何等计算解来自俄罗斯的几何题 | 2019—11 | 88.00 | 1119 |
| 基谢廖夫平面几何 | 2022—01 | 48.00 | 1461 |
| 基谢廖夫立体几何 | 2023—04 | 48.00 | 1599 |
| 数学:代数、数学分析和几何(10—11年级) | 2021—01 | 48.00 | 1250 |
| 立体几何.10—11年级 | 2022—01 | 58.00 | 1472 |
| 直观几何学:5—6年级 | 2022—04 | 58.00 | 1508 |
| 平面几何:9—11年级 | 2022—10 | 48.00 | 1571 |
| 谈谈素数 | 2011—03 | 18.00 | 91 |
| 平方和 | 2011—03 | 18.00 | 92 |
| 整数论 | 2011—05 | 38.00 | 120 |
| 从整数谈起 | 2015—10 | 28.00 | 538 |
| 数与多项式 | 2016—01 | 38.00 | 558 |
| 谈谈不定方程 | 2011—05 | 28.00 | 119 |
| 质数漫谈 | 2022—07 | 68.00 | 1529 |
| 解析不等式新论 | 2009—06 | 68.00 | 48 |
| 建立不等式的方法 | 2011—03 | 98.00 | 104 |
| 数学奥林匹克不等式研究(第2版) | 2020—07 | 68.00 | 1181 |
| 不等式研究(第二辑) | 2012—02 | 68.00 | 153 |
| 不等式的秘密(第一卷)(第2版) | 2014—02 | 38.00 | 286 |
| 不等式的秘密(第二卷) | 2014—01 | 38.00 | 268 |
| 初等不等式的证明方法 | 2010—06 | 38.00 | 123 |
| 初等不等式的证明方法(第二版) | 2014—11 | 38.00 | 407 |
| 不等式·理论·方法(基础卷) | 2015—07 | 38.00 | 496 |
| 不等式·理论·方法(经典不等式卷) | 2015—07 | 38.00 | 497 |
| 不等式·理论·方法(特殊类型不等式卷) | 2015—07 | 48.00 | 498 |
| 不等式探究 | 2016—03 | 38.00 | 582 |
| 不等式探秘 | 2017—01 | 88.00 | 689 |
| 四面体不等式 | 2017—01 | 68.00 | 715 |
| 数学奥林匹克中常见重要不等式 | 2017—09 | 38.00 | 845 |

| 书　名 | 出版时间 | 定　价 | 编号 |
|---|---|---|---|
| 三正弦不等式 | 2018－09 | 98.00 | 974 |
| 函数方程与不等式:解法与稳定性结果 | 2019－04 | 68.00 | 1058 |
| 数学不等式.第1卷,对称多项式不等式 | 2022－05 | 78.00 | 1455 |
| 数学不等式.第2卷,对称有理不等式与对称无理不等式 | 2022－05 | 88.00 | 1456 |
| 数学不等式.第3卷,循环不等式与非循环不等式 | 2022－05 | 88.00 | 1457 |
| 数学不等式.第4卷,Jensen不等式的扩展与加细 | 2022－05 | 88.00 | 1458 |
| 数学不等式.第5卷,创建不等式与解不等式的其他方法 | 2022－05 | 88.00 | 1459 |
| 同余理论 | 2012－05 | 38.00 | 163 |
| [x]与{x} | 2015－04 | 48.00 | 476 |
| 极值与最值.上卷 | 2015－06 | 28.00 | 486 |
| 极值与最值.中卷 | 2015－06 | 38.00 | 487 |
| 极值与最值.下卷 | 2015－06 | 28.00 | 488 |
| 整数的性质 | 2012－11 | 38.00 | 192 |
| 完全平方数及其应用 | 2015－08 | 78.00 | 506 |
| 多项式理论 | 2015－10 | 88.00 | 541 |
| 奇数、偶数、奇偶分析法 | 2018－01 | 98.00 | 876 |
| 不定方程及其应用.上 | 2018－12 | 58.00 | 992 |
| 不定方程及其应用.中 | 2019－01 | 78.00 | 993 |
| 不定方程及其应用.下 | 2019－02 | 98.00 | 994 |
| Nesbitt不等式加强式的研究 | 2022－06 | 128.00 | 1527 |
| 最值定理与分析不等式 | 2023－02 | 78.00 | 1567 |
| 一类积分不等式 | 2023－02 | 88.00 | 1579 |
| 邦费罗尼不等式及概率应用 | 2023－05 | 58.00 | 1637 |
| 历届美国中学生数学竞赛试题及解答(第一卷)1950－1954 | 2014－07 | 18.00 | 277 |
| 历届美国中学生数学竞赛试题及解答(第二卷)1955－1959 | 2014－04 | 18.00 | 278 |
| 历届美国中学生数学竞赛试题及解答(第三卷)1960－1964 | 2014－06 | 18.00 | 279 |
| 历届美国中学生数学竞赛试题及解答(第四卷)1965－1969 | 2014－04 | 28.00 | 280 |
| 历届美国中学生数学竞赛试题及解答(第五卷)1970－1972 | 2014－06 | 18.00 | 281 |
| 历届美国中学生数学竞赛试题及解答(第六卷)1973－1980 | 2017－07 | 18.00 | 768 |
| 历届美国中学生数学竞赛试题及解答(第七卷)1981－1986 | 2015－01 | 18.00 | 424 |
| 历届美国中学生数学竞赛试题及解答(第八卷)1987－1990 | 2017－05 | 18.00 | 769 |
| 历届中国数学奥林匹克试题集(第3版) | 2021－10 | 58.00 | 1440 |
| 历届加拿大数学奥林匹克试题集 | 2012－08 | 38.00 | 215 |
| 历届美国数学奥林匹克试题集:1972～2019 | 2020－04 | 88.00 | 1135 |
| 历届波兰数学竞赛试题集.第1卷,1949～1963 | 2015－03 | 18.00 | 453 |
| 历届波兰数学竞赛试题集.第2卷,1964～1976 | 2015－03 | 18.00 | 454 |
| 历届巴尔干数学奥林匹克试题集 | 2015－05 | 38.00 | 466 |
| 保加利亚数学奥林匹克 | 2014－10 | 38.00 | 393 |
| 圣彼得堡数学奥林匹克试题集 | 2015－01 | 38.00 | 429 |
| 匈牙利奥林匹克数学竞赛题解.第1卷 | 2016－05 | 28.00 | 593 |
| 匈牙利奥林匹克数学竞赛题解.第2卷 | 2016－05 | 28.00 | 594 |
| 历届美国数学邀请赛试题集(第2版) | 2017－10 | 78.00 | 851 |
| 普林斯顿大学数学竞赛 | 2016－06 | 38.00 | 669 |
| 亚太地区数学奥林匹克竞赛题 | 2015－07 | 18.00 | 492 |
| 日本历届(初级)广中杯数学竞赛试题及解答.第1卷(2000～2007) | 2016－05 | 28.00 | 641 |
| 日本历届(初级)广中杯数学竞赛试题及解答.第2卷(2008～2015) | 2016－05 | 38.00 | 642 |
| 越南数学奥林匹克题选:1962－2009 | 2021－07 | 48.00 | 1370 |
| 360个数学竞赛问题 | 2016－08 | 58.00 | 677 |
| 奥数最佳实战题.上卷 | 2017－06 | 38.00 | 760 |
| 奥数最佳实战题.下卷 | 2017－06 | 58.00 | 761 |
| 哈尔滨市早期中学数学竞赛试题汇编 | 2016－07 | 28.00 | 672 |
| 全国高中数学联赛试题及解答:1981－2019(第4版) | 2020－07 | 138.00 | 1176 |
| 2022年全国高中数学联合竞赛模拟题集 | 2022－06 | 30.00 | 1521 |

# 刘培杰数学工作室
## 已出版(即将出版)图书目录——初等数学

| 书 名 | 出版时间 | 定 价 | 编号 |
|---|---|---|---|
| 20世纪50年代全国部分城市数学竞赛试题汇编 | 2017—07 | 28.00 | 797 |
| 国内外数学竞赛题及精解:2018~2019 | 2020—08 | 45.00 | 1192 |
| 国内外数学竞赛题及精解:2019~2020 | 2021—11 | 58.00 | 1439 |
| 许康华竞赛优学精选集.第一辑 | 2018—08 | 68.00 | 949 |
| 天问叶班数学问题征解100题.Ⅰ,2016—2018 | 2019—05 | 88.00 | 1075 |
| 天问叶班数学问题征解100题.Ⅱ,2017—2019 | 2020—07 | 98.00 | 1177 |
| 美国初中数学竞赛:AMC8准备(共6卷) | 2019—07 | 138.00 | 1089 |
| 美国高中数学竞赛:AMC10准备(共6卷) | 2019—08 | 158.00 | 1105 |
| 王连笑教你怎样学数学:高考选择题解题策略与客观题实用训练 | 2014—01 | 48.00 | 262 |
| 王连笑教你怎样学数学:高考数学高层次讲座 | 2015—02 | 48.00 | 432 |
| 高考数学的理论与实践 | 2009—08 | 38.00 | 53 |
| 高考数学核心题型解题方法与技巧 | 2010—01 | 28.00 | 86 |
| 高考思维新平台 | 2014—03 | 38.00 | 259 |
| 高考数学压轴题解题诀窍(上)(第2版) | 2018—01 | 58.00 | 874 |
| 高考数学压轴题解题诀窍(下)(第2版) | 2018—01 | 48.00 | 875 |
| 北京市五区文科数学三年高考模拟题详解:2013~2015 | 2015—08 | 48.00 | 500 |
| 北京市五区理科数学三年高考模拟题详解:2013~2015 | 2015—09 | 68.00 | 505 |
| 向量法巧解数学高考题 | 2009—08 | 28.00 | 54 |
| 高中数学课堂教学的实践与反思 | 2021—11 | 48.00 | 791 |
| 数学高考参考 | 2016—01 | 78.00 | 589 |
| 新课程标准高考数学解答题各种题型解法指导 | 2020—08 | 78.00 | 1196 |
| 全国及各省市高考数学试题审题要津与解法研究 | 2015—02 | 48.00 | 450 |
| 高中数学章节起始课的教学研究与案例设计 | 2019—05 | 28.00 | 1064 |
| 新课标高考数学——五年试题分章详解(2007~2011)(上、下) | 2011—10 | 78.00 | 140,141 |
| 全国中考数学压轴题审题要津与解法研究 | 2013—04 | 78.00 | 248 |
| 新编全国及各省市中考数学压轴题审题要津与解法研究 | 2014—05 | 58.00 | 342 |
| 全国及各省市5年中考数学压轴题审题要津与解法研究(2015版) | 2015—04 | 58.00 | 462 |
| 中考数学专题总复习 | 2007—04 | 28.00 | 6 |
| 中考数学较难题常考题型解题方法与技巧 | 2016—09 | 48.00 | 681 |
| 中考数学难题常考题型解题方法与技巧 | 2016—09 | 48.00 | 682 |
| 中考数学中档题常考题型解题方法与技巧 | 2017—08 | 68.00 | 835 |
| 中考数学选择填空压轴好题妙解365 | 2017—05 | 38.00 | 759 |
| 中考数学:三类重点考题的解法例析与习题 | 2020—04 | 48.00 | 1140 |
| 中小学数学的历史文化 | 2019—11 | 48.00 | 1124 |
| 初中平面几何百题多思创新解 | 2020—01 | 58.00 | 1125 |
| 初中数学中考备考 | 2020—01 | 58.00 | 1126 |
| 高考数学之九章演义 | 2019—08 | 68.00 | 1044 |
| 高考数学之难题谈笑间 | 2022—06 | 68.00 | 1519 |
| 化学可以这样学:高中化学知识方法智慧感悟疑难辨析 | 2019—07 | 58.00 | 1103 |
| 如何成为学习高手 | 2019—09 | 58.00 | 1107 |
| 高考数学:经典真题分类解析 | 2020—04 | 78.00 | 1134 |
| 高考数学解答题破解策略 | 2020—11 | 58.00 | 1221 |
| 从分析解题过程学解题:高考压轴题与竞赛题之关系探究 | 2020—08 | 88.00 | 1179 |
| 教学新思考:单元整体视角下的初中数学教学设计 | 2021—03 | 58.00 | 1278 |
| 思维再拓展:2020年经典几何题的多解探究与思考 | 即将出版 | | 1279 |
| 中考数学小压轴汇编初讲 | 2017—07 | 48.00 | 788 |
| 中考数学大压轴专题微言 | 2017—09 | 48.00 | 846 |
| 怎么解中考平面几何探索题 | 2019—06 | 48.00 | 1093 |
| 北京中考数学压轴题解题方法突破(第8版) | 2022—11 | 78.00 | 1577 |
| 助你高考成功的数学解题智慧:知识是智慧的基础 | 2016—01 | 58.00 | 596 |
| 助你高考成功的数学解题智慧:错误是智慧的试金石 | 2016—04 | 58.00 | 643 |
| 助你高考成功的数学解题智慧:方法是智慧的推手 | 2016—04 | 68.00 | 657 |
| 高考数学奇思妙解 | 2016—04 | 38.00 | 610 |
| 高考数学解题策略 | 2016—05 | 48.00 | 670 |
| 数学解题泄天机(第2版) | 2017—10 | 48.00 | 850 |

| 书　名 | 出版时间 | 定　价 | 编号 |
|---|---|---|---|
| 高考物理压轴题全解 | 2017—04 | 58.00 | 746 |
| 高中物理经典问题25讲 | 2017—05 | 28.00 | 764 |
| 高中物理教学讲义 | 2018—01 | 48.00 | 871 |
| 高中物理教学讲义:全模块 | 2022—03 | 98.00 | 1492 |
| 高中物理答疑解惑65篇 | 2021—11 | 48.00 | 1462 |
| 中学物理基础问题解析 | 2020—08 | 48.00 | 1183 |
| 初中数学、高中数学脱节知识补缺教材 | 2017—06 | 48.00 | 766 |
| 高考数学小题抢分必练 | 2017—10 | 48.00 | 834 |
| 高考数学核心素养解读 | 2017—09 | 38.00 | 839 |
| 高考数学客观题解题方法和技巧 | 2017—10 | 38.00 | 847 |
| 十年高考数学精品试题审题要津与解法研究 | 2021—10 | 98.00 | 1427 |
| 中国历届高考数学试题及解答.1949—1979 | 2018—01 | 38.00 | 877 |
| 历届中国高考数学试题及解答.第二卷,1980—1989 | 2018—10 | 28.00 | 975 |
| 历届中国高考数学试题及解答.第三卷,1990—1999 | 2018—10 | 48.00 | 976 |
| 数学文化与高考研究 | 2018—03 | 48.00 | 882 |
| 跟我学解高中数学题 | 2018—07 | 58.00 | 926 |
| 中学数学研究的方法及案例 | 2018—05 | 58.00 | 869 |
| 高考数学抢分技能 | 2018—07 | 68.00 | 934 |
| 高一新生常用数学方法和重要数学思想提升教材 | 2018—06 | 38.00 | 921 |
| 2018年高考数学真题研究 | 2019—01 | 68.00 | 1000 |
| 2019年高考数学真题研究 | 2020—05 | 88.00 | 1137 |
| 高考数学全国卷六道解答题常考题型解题诀窍:理科(全2册) | 2019—07 | 78.00 | 1101 |
| 高考数学全国卷16道选择、填空题常考题型解题诀窍.理科 | 2018—09 | 88.00 | 971 |
| 高考数学全国卷16道选择、填空题常考题型解题诀窍.文科 | 2020—01 | 88.00 | 1123 |
| 高中数学一题多解 | 2019—06 | 58.00 | 1087 |
| 历届中国高考数学试题及解答:1917—1999 | 2021—08 | 98.00 | 1371 |
| 2000~2003年全国及各省市高考数学试题及解答 | 2022—05 | 88.00 | 1499 |
| 2004年全国及各省市高考数学试题及解答 | 2022—07 | 78.00 | 1500 |
| 突破高原:高中数学解题思维探究 | 2021—08 | 48.00 | 1375 |
| 高考数学中的"取值范围" | 2021—10 | 48.00 | 1429 |
| 新课程标准高中数学各种题型解法大全.必修一分册 | 2021—06 | 58.00 | 1315 |
| 新课程标准高中数学各种题型解法大全.必修二分册 | 2022—01 | 68.00 | 1471 |
| 高中数学各种题型解法大全.选择性必修一分册 | 2022—06 | 68.00 | 1525 |
| 高中数学各种题型解法大全.选择性必修二分册 | 2023—01 | 58.00 | 1600 |
| 高中数学各种题型解法大全.选择性必修三分册 | 2023—04 | 48.00 | 1643 |
| 历届全国初中数学竞赛经典试题详解 | 2023—04 | 88.00 | 1624 |

| 书　名 | 出版时间 | 定　价 | 编号 |
|---|---|---|---|
| 新编640个世界著名数学智力趣题 | 2014—01 | 88.00 | 242 |
| 500个最新世界著名数学智力趣题 | 2008—06 | 48.00 | 3 |
| 400个最新世界著名数学最值问题 | 2008—09 | 48.00 | 36 |
| 500个世界著名数学征解问题 | 2009—06 | 48.00 | 52 |
| 400个中国最佳初等数学征解老问题 | 2010—01 | 48.00 | 60 |
| 500个俄罗斯数学经典老题 | 2011—01 | 28.00 | 81 |
| 1000个国外中学物理好题 | 2012—04 | 48.00 | 174 |
| 300个日本高考数学题 | 2012—05 | 38.00 | 142 |
| 700个早期日本高考数学试题 | 2017—02 | 88.00 | 752 |
| 500个前苏联早期高考数学试题及解答 | 2012—05 | 28.00 | 185 |
| 546个早期俄罗斯大学生数学竞赛题 | 2014—03 | 38.00 | 285 |
| 548个来自美苏的数学好问题 | 2014—11 | 28.00 | 396 |
| 20所苏联著名大学早期入学试题 | 2015—02 | 18.00 | 452 |
| 161道德国工科大学生必做的微分方程习题 | 2015—05 | 28.00 | 469 |
| 500个德国工科大学生必做的高数习题 | 2015—06 | 28.00 | 478 |
| 360个数学竞赛问题 | 2016—08 | 58.00 | 677 |
| 200个趣味数学故事 | 2018—02 | 48.00 | 857 |
| 470个数学奥林匹克中的最值问题 | 2018—10 | 88.00 | 985 |
| 德国讲义日本考题.微积分卷 | 2015—04 | 48.00 | 456 |
| 德国讲义日本考题.微分方程卷 | 2015—04 | 38.00 | 457 |
| 二十世纪中叶中、英、美、日、法、俄高考数学试题精选 | 2017—06 | 38.00 | 783 |

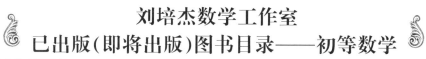

# 刘培杰数学工作室
## 已出版(即将出版)图书目录——初等数学

| 书　名 | 出版时间 | 定　价 | 编号 |
|---|---|---|---|
| 中国初等数学研究　2009 卷(第 1 辑) | 2009—05 | 20.00 | 45 |
| 中国初等数学研究　2010 卷(第 2 辑) | 2010—05 | 30.00 | 68 |
| 中国初等数学研究　2011 卷(第 3 辑) | 2011—07 | 60.00 | 127 |
| 中国初等数学研究　2012 卷(第 4 辑) | 2012—07 | 48.00 | 190 |
| 中国初等数学研究　2014 卷(第 5 辑) | 2014—02 | 48.00 | 288 |
| 中国初等数学研究　2015 卷(第 6 辑) | 2015—06 | 68.00 | 493 |
| 中国初等数学研究　2016 卷(第 7 辑) | 2016—04 | 68.00 | 609 |
| 中国初等数学研究　2017 卷(第 8 辑) | 2017—01 | 98.00 | 712 |
| 初等数学研究在中国.第 1 辑 | 2019—03 | 158.00 | 1024 |
| 初等数学研究在中国.第 2 辑 | 2019—10 | 158.00 | 1116 |
| 初等数学研究在中国.第 3 辑 | 2021—05 | 158.00 | 1306 |
| 初等数学研究在中国.第 4 辑 | 2022—06 | 158.00 | 1520 |
| 几何变换(Ⅰ) | 2014—07 | 28.00 | 353 |
| 几何变换(Ⅱ) | 2015—06 | 28.00 | 354 |
| 几何变换(Ⅲ) | 2015—01 | 38.00 | 355 |
| 几何变换(Ⅳ) | 2015—12 | 38.00 | 356 |
| 初等数论难题集(第一卷) | 2009—05 | 68.00 | 44 |
| 初等数论难题集(第二卷)(上、下) | 2011—02 | 128.00 | 82,83 |
| 数论概貌 | 2011—03 | 18.00 | 93 |
| 代数数论(第二版) | 2013—08 | 58.00 | 94 |
| 代数多项式 | 2014—06 | 38.00 | 289 |
| 初等数论的知识与问题 | 2011—02 | 28.00 | 95 |
| 超越数论基础 | 2011—03 | 28.00 | 96 |
| 数论初等教程 | 2011—03 | 28.00 | 97 |
| 数论基础 | 2011—03 | 18.00 | 98 |
| 数论基础与维诺格拉多夫 | 2014—03 | 18.00 | 292 |
| 解析数论基础 | 2012—08 | 28.00 | 216 |
| 解析数论基础(第二版) | 2014—01 | 48.00 | 287 |
| 解析数论问题集(第二版)(原版引进) | 2014—05 | 88.00 | 343 |
| 解析数论问题集(第二版)(中译本) | 2016—04 | 88.00 | 607 |
| 解析数论基础(潘承洞,潘承彪著) | 2016—07 | 98.00 | 673 |
| 解析数论导引 | 2016—07 | 58.00 | 674 |
| 数论入门 | 2011—03 | 38.00 | 99 |
| 代数数论入门 | 2015—03 | 38.00 | 448 |
| 数论开篇 | 2012—07 | 28.00 | 194 |
| 解析数论引论 | 2011—03 | 48.00 | 100 |
| Barban Davenport Halberstam 均值和 | 2009—01 | 40.00 | 33 |
| 基础数论 | 2011—03 | 28.00 | 101 |
| 初等数论 100 例 | 2011—05 | 18.00 | 122 |
| 初等数论经典例题 | 2012—07 | 18.00 | 204 |
| 最新世界各国数学奥林匹克中的初等数论试题(上、下) | 2012—01 | 138.00 | 144,145 |
| 初等数论(Ⅰ) | 2012—01 | 18.00 | 156 |
| 初等数论(Ⅱ) | 2012—01 | 18.00 | 157 |
| 初等数论(Ⅲ) | 2012—01 | 28.00 | 158 |

# 刘培杰数学工作室
# 已出版(即将出版)图书目录——初等数学

| 书　名 | 出版时间 | 定　价 | 编号 |
|---|---|---|---|
| 平面几何与数论中未解决的新老问题 | 2013—01 | 68.00 | 229 |
| 代数数论简史 | 2014—11 | 28.00 | 408 |
| 代数数论 | 2015—09 | 88.00 | 532 |
| 代数、数论及分析习题集 | 2016—11 | 98.00 | 695 |
| 数论导引提要及习题解答 | 2016—01 | 48.00 | 559 |
| 素数定理的初等证明.第2版 | 2016—09 | 48.00 | 686 |
| 数论中的模函数与狄利克雷级数(第二版) | 2017—11 | 78.00 | 837 |
| 数论:数学导引 | 2018—01 | 68.00 | 849 |
| 范氏大代数 | 2019—02 | 98.00 | 1016 |
| 解析数学讲义.第一卷,导来式及微分、积分、级数 | 2019—04 | 88.00 | 1021 |
| 解析数学讲义.第二卷,关于几何的应用 | 2019—04 | 68.00 | 1022 |
| 解析数学讲义.第三卷,解析函数论 | 2019—04 | 78.00 | 1023 |
| 分析·组合·数论纵横谈 | 2019—04 | 58.00 | 1039 |
| Hall代数:民国时期的中学数学课本:英文 | 2019—08 | 88.00 | 1106 |
| 基谢廖夫初等代数 | 2022—07 | 38.00 | 1531 |
| 数学精神巡礼 | 2019—01 | 58.00 | 731 |
| 数学眼光透视(第2版) | 2017—06 | 78.00 | 732 |
| 数学思想领悟(第2版) | 2018—01 | 68.00 | 733 |
| 数学方法溯源(第2版) | 2018—08 | 68.00 | 734 |
| 数学解题引论 | 2017—05 | 58.00 | 735 |
| 数学史话览胜(第2版) | 2017—01 | 48.00 | 736 |
| 数学应用展观(第2版) | 2017—08 | 68.00 | 737 |
| 数学建模尝试 | 2018—04 | 48.00 | 738 |
| 数学竞赛采风 | 2018—01 | 68.00 | 739 |
| 数学测评探营 | 2019—05 | 58.00 | 740 |
| 数学技能操握 | 2018—03 | 48.00 | 741 |
| 数学欣赏拾趣 | 2018—02 | 48.00 | 742 |
| 从毕达哥拉斯到怀尔斯 | 2007—10 | 48.00 | 9 |
| 从迪利克雷到维斯卡尔迪 | 2008—01 | 48.00 | 21 |
| 从哥德巴赫到陈景润 | 2008—05 | 98.00 | 35 |
| 从庞加莱到佩雷尔曼 | 2011—08 | 138.00 | 136 |
| 博弈论精粹 | 2008—03 | 58.00 | 30 |
| 博弈论精粹.第二版(精装) | 2015—01 | 88.00 | 461 |
| 数学 我爱你 | 2008—01 | 28.00 | 20 |
| 精神的圣徒　别样的人生——60位中国数学家成长的历程 | 2008—09 | 48.00 | 39 |
| 数学史概论 | 2009—06 | 78.00 | 50 |
| 数学史概论(精装) | 2013—03 | 158.00 | 272 |
| 数学史选讲 | 2016—01 | 48.00 | 544 |
| 斐波那契数列 | 2010—02 | 28.00 | 65 |
| 数学拼盘和斐波那契魔方 | 2010—07 | 38.00 | 72 |
| 斐波那契数列欣赏(第2版) | 2018—08 | 58.00 | 948 |
| Fibonacci数列中的明珠 | 2018—06 | 58.00 | 928 |
| 数学的创造 | 2011—02 | 48.00 | 85 |
| 数学美与创造力 | 2016—01 | 48.00 | 595 |
| 数海拾贝 | 2016—01 | 48.00 | 590 |
| 数学中的美(第2版) | 2019—04 | 68.00 | 1057 |
| 数论中的美学 | 2014—12 | 38.00 | 351 |

# 刘培杰数学工作室
# 已出版(即将出版)图书目录——初等数学

| 书　名 | 出版时间 | 定　价 | 编号 |
|---|---|---|---|
| 数学王者　科学巨人——高斯 | 2015—01 | 28.00 | 428 |
| 振兴祖国数学的圆梦之旅:中国初等数学研究史话 | 2015—06 | 98.00 | 490 |
| 二十世纪中国数学史料研究 | 2015—10 | 48.00 | 536 |
| 数字谜、数阵图与棋盘覆盖 | 2016—01 | 58.00 | 298 |
| 时间的形状 | 2016—01 | 38.00 | 556 |
| 数学发现的艺术:数学探索中的合情推理 | 2016—07 | 58.00 | 671 |
| 活跃在数学中的参数 | 2016—07 | 48.00 | 675 |
| 数海趣史 | 2021—05 | 98.00 | 1314 |
| 数学解题——靠数学思想给力(上) | 2011—07 | 38.00 | 131 |
| 数学解题——靠数学思想给力(中) | 2011—07 | 48.00 | 132 |
| 数学解题——靠数学思想给力(下) | 2011—07 | 38.00 | 133 |
| 我怎样解题 | 2013—01 | 48.00 | 227 |
| 数学解题中的物理方法 | 2011—06 | 28.00 | 114 |
| 数学解题的特殊方法 | 2011—06 | 48.00 | 115 |
| 中学数学计算技巧(第2版) | 2020—10 | 48.00 | 1220 |
| 中学数学证明方法 | 2012—01 | 58.00 | 117 |
| 数学趣题巧解 | 2012—03 | 28.00 | 128 |
| 高中数学教学通鉴 | 2015—05 | 58.00 | 479 |
| 和高中生漫谈:数学与哲学的故事 | 2014—08 | 28.00 | 369 |
| 算术问题集 | 2017—03 | 38.00 | 789 |
| 张教授讲数学 | 2018—07 | 38.00 | 933 |
| 陈永明实话实说数学教学 | 2020—04 | 68.00 | 1132 |
| 中学数学学科知识与教学能力 | 2020—06 | 58.00 | 1155 |
| 怎样把课讲好:大罕数学教学随笔 | 2022—03 | 58.00 | 1484 |
| 中国高考评价体系下高考数学探秘 | 2022—03 | 48.00 | 1487 |
| 自主招生考试中的参数方程问题 | 2015—01 | 28.00 | 435 |
| 自主招生考试中的极坐标问题 | 2015—04 | 28.00 | 463 |
| 近年全国重点大学自主招生数学试题全解及研究.华约卷 | 2015—02 | 38.00 | 441 |
| 近年全国重点大学自主招生数学试题全解及研究.北约卷 | 2016—05 | 38.00 | 619 |
| 自主招生数学解证宝典 | 2015—09 | 48.00 | 535 |
| 中国科学技术大学创新班数学真题解析 | 2022—03 | 48.00 | 1488 |
| 中国科学技术大学创新班物理真题解析 | 2022—03 | 58.00 | 1489 |
| 格点和面积 | 2012—07 | 18.00 | 191 |
| 射影几何趣谈 | 2012—04 | 28.00 | 175 |
| 斯潘纳尔引理——从一道加拿大数学奥林匹克试题谈起 | 2014—01 | 28.00 | 228 |
| 李普希兹条件——从几道近年高考数学试题谈起 | 2012—10 | 18.00 | 221 |
| 拉格朗日中值定理——从一道北京高考试题的解法谈起 | 2015—10 | 18.00 | 197 |
| 闵科夫斯基定理——从一道清华大学自主招生试题谈起 | 2014—01 | 28.00 | 198 |
| 哈尔测度——从一道冬令营试题的背景谈起 | 2012—08 | 28.00 | 202 |
| 切比雪夫逼近问题——从一道中国台北数学奥林匹克试题谈起 | 2013—04 | 38.00 | 238 |
| 伯恩斯坦多项式与贝齐尔曲面——从一道全国高中数学联赛试题谈起 | 2013—03 | 38.00 | 236 |
| 卡塔兰猜想——从一道普特南竞赛试题谈起 | 2013—03 | 18.00 | 256 |
| 麦卡锡函数和阿克曼函数——从一道前南斯拉夫数学奥林匹克试题谈起 | 2012—08 | 18.00 | 201 |
| 贝蒂定理与拉赫贝克莫斯尔定理——从一个拣石子游戏谈起 | 2012—08 | 18.00 | 217 |
| 皮亚诺曲线和豪斯道夫分球定理——从无限集谈起 | 2012—08 | 18.00 | 211 |
| 平面凸图形与凸多面体 | 2012—10 | 28.00 | 218 |
| 斯坦因豪斯问题——从一道二十五省市自治区中学数学竞赛试题谈起 | 2012—07 | 18.00 | 196 |

# 刘培杰数学工作室
## 已出版（即将出版）图书目录——初等数学

| 书 名 | 出版时间 | 定 价 | 编号 |
|---|---|---|---|
| 纽结理论中的亚历山大多项式与琼斯多项式——从一道北京市高一数学竞赛试题谈起 | 2012—07 | 28.00 | 195 |
| 原则与策略——从波利亚"解题表"谈起 | 2013—04 | 38.00 | 244 |
| 转化与化归——从三大尺规作图不能问题谈起 | 2012—08 | 28.00 | 214 |
| 代数几何中的贝祖定理（第一版）——从一道 IMO 试题的解法谈起 | 2013—08 | 18.00 | 193 |
| 成功连贯理论与约当块理论——从一道比利时数学竞赛试题谈起 | 2012—04 | 18.00 | 180 |
| 素数判定与大数分解 | 2014—08 | 18.00 | 199 |
| 置换多项式及其应用 | 2012—10 | 18.00 | 220 |
| 椭圆函数与模函数——从一道美国加州大学洛杉矶分校（UCLA）博士资格考题谈起 | 2012—10 | 28.00 | 219 |
| 差分方程的拉格朗日方法——从一道 2011 年全国高考理科试题的解法谈起 | 2012—08 | 28.00 | 200 |
| 力学在几何中的一些应用 | 2013—01 | 38.00 | 240 |
| 从根式解到伽罗华理论 | 2020—01 | 48.00 | 1121 |
| 康托洛维奇不等式——从一道全国高中联赛试题谈起 | 2013—03 | 28.00 | 337 |
| 西格尔引理——从一道第 18 届 IMO 试题的解法谈起 | 即将出版 | | |
| 罗斯定理——从一道前苏联数学竞赛试题谈起 | 即将出版 | | |
| 拉克斯定理和阿廷定理——从一道 IMO 试题的解法谈起 | 2014—01 | 58.00 | 246 |
| 毕卡大定理——从一道美国大学数学竞赛试题谈起 | 2014—07 | 18.00 | 350 |
| 贝齐尔曲线——从一道全国高中联赛试题谈起 | 即将出版 | | |
| 拉格朗日乘子定理——从一道 2005 年全国高中联赛试题的高等数学解法谈起 | 2015—05 | 28.00 | 480 |
| 雅可比定理——从一道日本数学奥林匹克试题谈起 | 2013—04 | 48.00 | 249 |
| 李天岩－约克定理——从一道波兰数学竞赛试题谈起 | 2014—06 | 28.00 | 349 |
| 受控理论与初等不等式:从一道 IMO 试题的解法谈起 | 2023—03 | 48.00 | 1601 |
| 布劳维不动点定理——从一道前苏联数学奥林匹克试题谈起 | 2014—01 | 38.00 | 273 |
| 伯恩赛德定理——从一道英国数学奥林匹克试题谈起 | 即将出版 | | |
| 布查特－莫斯特定理——从一道上海市初中竞赛试题谈起 | 即将出版 | | |
| 数论中的同余数问题——从一道普特南竞赛试题谈起 | 即将出版 | | |
| 范·德蒙行列式——从一道美国数学奥林匹克试题谈起 | 即将出版 | | |
| 中国剩余定理:总数法构建中国历史年表 | 2015—01 | 28.00 | 430 |
| 牛顿程序与方程求根——从一道全国高考试题解法谈起 | 即将出版 | | |
| 库默尔定理——从一道 IMO 预选试题谈起 | 即将出版 | | |
| 卢丁定理——从一道冬令营试题的解法谈起 | 即将出版 | | |
| 沃斯滕霍姆定理——从一道 IMO 预选试题谈起 | 即将出版 | | |
| 卡尔松不等式——从一道莫斯科数学奥林匹克试题谈起 | 即将出版 | | |
| 信息论中的香农熵——从一道近年高考压轴题谈起 | 即将出版 | | |
| 约当不等式——从一道希望杯竞赛试题谈起 | 即将出版 | | |
| 拉比诺维奇定理 | 即将出版 | | |
| 刘维尔定理——从一道《美国数学月刊》征解问题的解法谈起 | 即将出版 | | |
| 卡塔兰恒等式与级数求和——从一道 IMO 试题的解法谈起 | 即将出版 | | |
| 勒让德猜想与素数分布——从一道爱尔兰竞赛试题谈起 | 即将出版 | | |
| 天平称重与信息论——从一道基辅市数学奥林匹克试题谈起 | 即将出版 | | |
| 哈密尔顿－凯莱定理:从一道高中数学联赛试题的解法谈起 | 2014—09 | 18.00 | 376 |
| 艾思特曼定理——从一道 CMO 试题的解法谈起 | 即将出版 | | |

# 刘培杰数学工作室
## 已出版(即将出版)图书目录——初等数学

| 书 名 | 出版时间 | 定 价 | 编号 |
|---|---|---|---|
| 阿贝尔恒等式与经典不等式及应用 | 2018－06 | 98.00 | 923 |
| 迪利克雷除数问题 | 2018－07 | 48.00 | 930 |
| 幻方、幻立方与拉丁方 | 2019－08 | 48.00 | 1092 |
| 帕斯卡三角形 | 2014－03 | 18.00 | 294 |
| 蒲丰投针问题——从2009年清华大学的一道自主招生试题谈起 | 2014－01 | 38.00 | 295 |
| 斯图姆定理——从一道"华约"自主招生试题的解法谈起 | 2014－01 | 18.00 | 296 |
| 许瓦兹引理——从一道加利福尼亚大学伯克利分校数学系博士生试题谈起 | 2014－08 | 18.00 | 297 |
| 拉姆塞定理——从王诗宬院士的一个问题谈起 | 2016－04 | 48.00 | 299 |
| 坐标法 | 2013－12 | 28.00 | 332 |
| 数论三角形 | 2014－04 | 38.00 | 341 |
| 毕克定理 | 2014－07 | 18.00 | 352 |
| 数林掠影 | 2014－09 | 48.00 | 389 |
| 我们周围的概率 | 2014－10 | 38.00 | 390 |
| 凸函数最值定理:从一道华约自主招生题的解法谈起 | 2014－10 | 28.00 | 391 |
| 易学与数学奥林匹克 | 2014－10 | 38.00 | 392 |
| 生物数学趣谈 | 2015－01 | 18.00 | 409 |
| 反演 | 2015－01 | 28.00 | 420 |
| 因式分解与圆锥曲线 | 2015－01 | 18.00 | 426 |
| 轨迹 | 2015－01 | 28.00 | 427 |
| 面积原理:从常庚哲命的一道CMO试题的积分解法谈起 | 2015－01 | 48.00 | 431 |
| 形形色色的不动点定理:从一道28届IMO试题谈起 | 2015－01 | 38.00 | 439 |
| 柯西函数方程:从一道上海交大自主招生的试题谈起 | 2015－02 | 28.00 | 440 |
| 三角恒等式 | 2015－02 | 28.00 | 442 |
| 无理性判定:从一道2014年"北约"自主招生试题谈起 | 2015－01 | 38.00 | 443 |
| 数学归纳法 | 2015－03 | 18.00 | 451 |
| 极端原理与解题 | 2015－04 | 28.00 | 464 |
| 法雷级数 | 2014－08 | 18.00 | 367 |
| 摆线族 | 2015－01 | 38.00 | 438 |
| 函数方程及其解法 | 2015－05 | 38.00 | 470 |
| 含参数的方程和不等式 | 2012－09 | 28.00 | 213 |
| 希尔伯特第十问题 | 2016－01 | 38.00 | 543 |
| 无穷小量的求和 | 2016－01 | 28.00 | 545 |
| 切比雪夫多项式:从一道清华大学金秋营试题谈起 | 2016－01 | 38.00 | 583 |
| 泽肯多夫定理 | 2016－03 | 38.00 | 599 |
| 代数等式证题法 | 2016－01 | 28.00 | 600 |
| 三角等式证题法 | 2016－01 | 28.00 | 601 |
| 吴大任教授藏书中的一个因式分解公式:从一道美国数学邀请赛试题的解法谈起 | 2016－06 | 28.00 | 656 |
| 易卦——类万物的数学模型 | 2017－08 | 68.00 | 838 |
| "不可思议"的数与数系可持续发展 | 2018－01 | 38.00 | 878 |
| 最短线 | 2018－01 | 38.00 | 879 |
| 数学在天文、地理、光学、机械力学中的一些应用 | 2023－03 | 88.00 | 1576 |
| 从阿基米德三角形谈起 | 2023－01 | 28.00 | 1578 |
| | | | |
| 幻方和魔方(第一卷) | 2012－05 | 68.00 | 173 |
| 尘封的经典——初等数学经典文献选读(第一卷) | 2012－07 | 48.00 | 205 |
| 尘封的经典——初等数学经典文献选读(第二卷) | 2012－07 | 38.00 | 206 |
| | | | |
| 初级方程式论 | 2011－03 | 28.00 | 106 |
| 初等数学研究(Ⅰ) | 2008－09 | 68.00 | 37 |
| 初等数学研究(Ⅱ)(上、下) | 2009－05 | 118.00 | 46,47 |
| 初等数学专题研究 | 2022－10 | 68.00 | 1568 |

# 刘培杰数学工作室
# 已出版(即将出版)图书目录——初等数学

| 书　名 | 出版时间 | 定　价 | 编号 |
|---|---|---|---|
| 趣味初等方程妙题集锦 | 2014—09 | 48.00 | 388 |
| 趣味初等数论选美与欣赏 | 2015—02 | 48.00 | 445 |
| 耕读笔记(上卷):一位农民数学爱好者的初数探索 | 2015—04 | 28.00 | 459 |
| 耕读笔记(中卷):一位农民数学爱好者的初数探索 | 2015—05 | 28.00 | 483 |
| 耕读笔记(下卷):一位农民数学爱好者的初数探索 | 2015—05 | 28.00 | 484 |
| 几何不等式研究与欣赏.上卷 | 2016—01 | 88.00 | 547 |
| 几何不等式研究与欣赏.下卷 | 2016—01 | 48.00 | 552 |
| 初等数列研究与欣赏·上 | 2016—01 | 48.00 | 570 |
| 初等数列研究与欣赏·下 | 2016—01 | 48.00 | 571 |
| 趣味初等函数研究与欣赏.上 | 2016—09 | 48.00 | 684 |
| 趣味初等函数研究与欣赏.下 | 2018—09 | 48.00 | 685 |
| 三角不等式研究与欣赏 | 2020—10 | 68.00 | 1197 |
| 新编平面解析几何解题方法研究与欣赏 | 2021—10 | 78.00 | 1426 |
| 火柴游戏(第2版) | 2022—05 | 38.00 | 1493 |
| 智力解谜.第1卷 | 2017—07 | 38.00 | 613 |
| 智力解谜.第2卷 | 2017—07 | 38.00 | 614 |
| 故事智力 | 2016—07 | 48.00 | 615 |
| 名人们喜欢的智力问题 | 2020—01 | 48.00 | 616 |
| 数学大师的发现、创造与失误 | 2018—01 | 48.00 | 617 |
| 异曲同工 | 2018—09 | 48.00 | 618 |
| 数学的味道 | 2018—01 | 58.00 | 798 |
| 数学千字文 | 2018—10 | 68.00 | 977 |
| 数贝偶拾——高考数学题研究 | 2014—04 | 28.00 | 274 |
| 数贝偶拾——初等数学研究 | 2014—04 | 38.00 | 275 |
| 数贝偶拾——奥数题研究 | 2014—04 | 48.00 | 276 |
| 钱昌本教你快乐学数学(上) | 2011—12 | 48.00 | 155 |
| 钱昌本教你快乐学数学(下) | 2012—03 | 58.00 | 171 |
| 集合、函数与方程 | 2014—01 | 28.00 | 300 |
| 数列与不等式 | 2014—01 | 38.00 | 301 |
| 三角与平面向量 | 2014—01 | 28.00 | 302 |
| 平面解析几何 | 2014—01 | 38.00 | 303 |
| 立体几何与组合 | 2014—01 | 28.00 | 304 |
| 极限与导数、数学归纳法 | 2014—01 | 38.00 | 305 |
| 趣味数学 | 2014—03 | 28.00 | 306 |
| 教材教法 | 2014—04 | 68.00 | 307 |
| 自主招生 | 2014—05 | 58.00 | 308 |
| 高考压轴题(上) | 2015—01 | 48.00 | 309 |
| 高考压轴题(下) | 2014—10 | 68.00 | 310 |
| 从费马到怀尔斯——费马大定理的历史 | 2013—10 | 198.00 | I |
| 从庞加莱到佩雷尔曼——庞加莱猜想的历史 | 2013—10 | 298.00 | II |
| 从切比雪夫到爱尔特希(上)——素数定理的初等证明 | 2013—07 | 48.00 | III |
| 从切比雪夫到爱尔特希(下)——素数定理100年 | 2012—12 | 98.00 | III |
| 从高斯到盖尔方特——二次域的高斯猜想 | 2013—10 | 198.00 | IV |
| 从库默尔到朗兰兹——朗兰兹猜想的历史 | 2014—01 | 98.00 | V |
| 从比勃巴赫到德布朗斯——比勃巴赫猜想的历史 | 2014—02 | 298.00 | VI |
| 从麦比乌斯到陈省身——麦比乌斯变换与麦比乌斯带 | 2014—02 | 298.00 | VII |
| 从布尔到豪斯道夫——布尔方程与格论漫谈 | 2013—10 | 198.00 | VIII |
| 从开普勒到阿诺德——三体问题的历史 | 2014—05 | 298.00 | IX |
| 从华林到华罗庚——华林问题的历史 | 2013—10 | 298.00 | X |

# 刘培杰数学工作室
## 已出版(即将出版)图书目录——初等数学

| 书　　名 | 出版时间 | 定　价 | 编号 |
|---|---|---|---|
| 美国高中数学竞赛五十讲.第1卷(英文) | 2014—08 | 28.00 | 357 |
| 美国高中数学竞赛五十讲.第2卷(英文) | 2014—08 | 28.00 | 358 |
| 美国高中数学竞赛五十讲.第3卷(英文) | 2014—09 | 28.00 | 359 |
| 美国高中数学竞赛五十讲.第4卷(英文) | 2014—09 | 28.00 | 360 |
| 美国高中数学竞赛五十讲.第5卷(英文) | 2014—10 | 28.00 | 361 |
| 美国高中数学竞赛五十讲.第6卷(英文) | 2014—11 | 28.00 | 362 |
| 美国高中数学竞赛五十讲.第7卷(英文) | 2014—12 | 28.00 | 363 |
| 美国高中数学竞赛五十讲.第8卷(英文) | 2015—01 | 28.00 | 364 |
| 美国高中数学竞赛五十讲.第9卷(英文) | 2015—01 | 28.00 | 365 |
| 美国高中数学竞赛五十讲.第10卷(英文) | 2015—02 | 38.00 | 366 |
| 三角函数(第2版) | 2017—04 | 38.00 | 626 |
| 不等式 | 2014—01 | 38.00 | 312 |
| 数列 | 2014—01 | 38.00 | 313 |
| 方程(第2版) | 2017—04 | 38.00 | 624 |
| 排列和组合 | 2014—01 | 28.00 | 315 |
| 极限与导数(第2版) | 2016—04 | 38.00 | 635 |
| 向量(第2版) | 2018—08 | 58.00 | 627 |
| 复数及其应用 | 2014—08 | 28.00 | 318 |
| 函数 | 2014—01 | 38.00 | 319 |
| 集合 | 2020—01 | 48.00 | 320 |
| 直线与平面 | 2014—01 | 28.00 | 321 |
| 立体几何(第2版) | 2016—04 | 38.00 | 629 |
| 解三角形 | 即将出版 | | 323 |
| 直线与圆(第2版) | 2016—11 | 38.00 | 631 |
| 圆锥曲线(第2版) | 2016—09 | 48.00 | 632 |
| 解题通法(一) | 2014—07 | 38.00 | 326 |
| 解题通法(二) | 2014—07 | 38.00 | 327 |
| 解题通法(三) | 2014—05 | 38.00 | 328 |
| 概率与统计 | 2014—01 | 28.00 | 329 |
| 信息迁移与算法 | 即将出版 | | 330 |
| IMO 50 年.第1卷(1959—1963) | 2014—11 | 28.00 | 377 |
| IMO 50 年.第2卷(1964—1968) | 2014—11 | 28.00 | 378 |
| IMO 50 年.第3卷(1969—1973) | 2014—09 | 28.00 | 379 |
| IMO 50 年.第4卷(1974—1978) | 2016—04 | 38.00 | 380 |
| IMO 50 年.第5卷(1979—1984) | 2015—04 | 38.00 | 381 |
| IMO 50 年.第6卷(1985—1989) | 2015—04 | 58.00 | 382 |
| IMO 50 年.第7卷(1990—1994) | 2016—01 | 48.00 | 383 |
| IMO 50 年.第8卷(1995—1999) | 2016—06 | 38.00 | 384 |
| IMO 50 年.第9卷(2000—2004) | 2015—04 | 58.00 | 385 |
| IMO 50 年.第10卷(2005—2009) | 2016—01 | 48.00 | 386 |
| IMO 50 年.第11卷(2010—2015) | 2017—03 | 48.00 | 646 |

| 书　名 | 出版时间 | 定价 | 编号 |
|---|---|---|---|
| 数学反思(2006—2007) | 2020—09 | 88.00 | 915 |
| 数学反思(2008—2009) | 2019—01 | 68.00 | 917 |
| 数学反思(2010—2011) | 2018—05 | 58.00 | 916 |
| 数学反思(2012—2013) | 2019—01 | 58.00 | 918 |
| 数学反思(2014—2015) | 2019—03 | 78.00 | 919 |
| 数学反思(2016—2017) | 2021—03 | 58.00 | 1286 |
| 数学反思(2018—2019) | 2023—01 | 88.00 | 1593 |
| 历届美国大学生数学竞赛试题集.第一卷(1938—1949) | 2015—01 | 28.00 | 397 |
| 历届美国大学生数学竞赛试题集.第二卷(1950—1959) | 2015—01 | 28.00 | 398 |
| 历届美国大学生数学竞赛试题集.第三卷(1960—1969) | 2015—01 | 28.00 | 399 |
| 历届美国大学生数学竞赛试题集.第四卷(1970—1979) | 2015—01 | 18.00 | 400 |
| 历届美国大学生数学竞赛试题集.第五卷(1980—1989) | 2015—01 | 28.00 | 401 |
| 历届美国大学生数学竞赛试题集.第六卷(1990—1999) | 2015—01 | 28.00 | 402 |
| 历届美国大学生数学竞赛试题集.第七卷(2000—2009) | 2015—08 | 18.00 | 403 |
| 历届美国大学生数学竞赛试题集.第八卷(2010—2012) | 2015—01 | 18.00 | 404 |
| 新课标高考数学创新题解题诀窍:总论 | 2014—09 | 28.00 | 372 |
| 新课标高考数学创新题解题诀窍:必修1~5分册 | 2014—08 | 38.00 | 373 |
| 新课标高考数学创新题解题诀窍:选修2—1,2—2,1—1,1—2分册 | 2014—09 | 38.00 | 374 |
| 新课标高考数学创新题解题诀窍:选修2—3,4—4,4—5分册 | 2014—09 | 18.00 | 375 |
| 全国重点大学自主招生英文数学试题全攻略:词汇卷 | 2015—07 | 48.00 | 410 |
| 全国重点大学自主招生英文数学试题全攻略:概念卷 | 2015—01 | 28.00 | 411 |
| 全国重点大学自主招生英文数学试题全攻略:文章选读卷(上) | 2016—09 | 38.00 | 412 |
| 全国重点大学自主招生英文数学试题全攻略:文章选读卷(下) | 2017—01 | 58.00 | 413 |
| 全国重点大学自主招生英文数学试题全攻略:试题卷 | 2015—07 | 38.00 | 414 |
| 全国重点大学自主招生英文数学试题全攻略:名著欣赏卷 | 2017—03 | 48.00 | 415 |
| 劳埃德数学趣题大全.题目卷.1:英文 | 2016—01 | 18.00 | 516 |
| 劳埃德数学趣题大全.题目卷.2:英文 | 2016—01 | 18.00 | 517 |
| 劳埃德数学趣题大全.题目卷.3:英文 | 2016—01 | 18.00 | 518 |
| 劳埃德数学趣题大全.题目卷.4:英文 | 2016—01 | 18.00 | 519 |
| 劳埃德数学趣题大全.题目卷.5:英文 | 2016—01 | 18.00 | 520 |
| 劳埃德数学趣题大全.答案卷:英文 | 2016—01 | 18.00 | 521 |
| 李成章教练奥数笔记.第1卷 | 2016—01 | 48.00 | 522 |
| 李成章教练奥数笔记.第2卷 | 2016—01 | 48.00 | 523 |
| 李成章教练奥数笔记.第3卷 | 2016—01 | 38.00 | 524 |
| 李成章教练奥数笔记.第4卷 | 2016—01 | 38.00 | 525 |
| 李成章教练奥数笔记.第5卷 | 2016—01 | 38.00 | 526 |
| 李成章教练奥数笔记.第6卷 | 2016—01 | 38.00 | 527 |
| 李成章教练奥数笔记.第7卷 | 2016—01 | 38.00 | 528 |
| 李成章教练奥数笔记.第8卷 | 2016—01 | 48.00 | 529 |
| 李成章教练奥数笔记.第9卷 | 2016—01 | 28.00 | 530 |

# 刘培杰数学工作室
# 已出版(即将出版)图书目录——初等数学

| 书　名 | 出版时间 | 定　价 | 编号 |
|---|---|---|---|
| 第19~23届"希望杯"全国数学邀请赛试题审题要津详细评注(初一版) | 2014—03 | 28.00 | 333 |
| 第19~23届"希望杯"全国数学邀请赛试题审题要津详细评注(初二、初三版) | 2014—03 | 38.00 | 334 |
| 第19~23届"希望杯"全国数学邀请赛试题审题要津详细评注(高一版) | 2014—03 | 28.00 | 335 |
| 第19~23届"希望杯"全国数学邀请赛试题审题要津详细评注(高二版) | 2014—03 | 38.00 | 336 |
| 第19~25届"希望杯"全国数学邀请赛试题审题要津详细评注(初一版) | 2015—01 | 38.00 | 416 |
| 第19~25届"希望杯"全国数学邀请赛试题审题要津详细评注(初二、初三版) | 2015—01 | 58.00 | 417 |
| 第19~25届"希望杯"全国数学邀请赛试题审题要津详细评注(高一版) | 2015—01 | 48.00 | 418 |
| 第19~25届"希望杯"全国数学邀请赛试题审题要津详细评注(高二版) | 2015—01 | 48.00 | 419 |
| 物理奥林匹克竞赛大题典——力学卷 | 2014—11 | 48.00 | 405 |
| 物理奥林匹克竞赛大题典——热学卷 | 2014—04 | 28.00 | 339 |
| 物理奥林匹克竞赛大题典——电磁学卷 | 2015—07 | 48.00 | 406 |
| 物理奥林匹克竞赛大题典——光学与近代物理卷 | 2014—06 | 28.00 | 345 |
| 历届中国东南地区数学奥林匹克试题集(2004~2012) | 2014—06 | 18.00 | 346 |
| 历届中国西部地区数学奥林匹克试题集(2001~2012) | 2014—07 | 18.00 | 347 |
| 历届中国女子数学奥林匹克试题集(2002~2012) | 2014—08 | 18.00 | 348 |
| 数学奥林匹克在中国 | 2014—06 | 98.00 | 344 |
| 数学奥林匹克问题集 | 2014—01 | 38.00 | 267 |
| 数学奥林匹克不等式散论 | 2010—06 | 38.00 | 124 |
| 数学奥林匹克不等式欣赏 | 2011—09 | 38.00 | 138 |
| 数学奥林匹克超级题库(初中卷上) | 2010—01 | 58.00 | 66 |
| 数学奥林匹克不等式证明方法和技巧(上、下) | 2011—08 | 158.00 | 134,135 |
| 他们学什么:原民主德国中学数学课本 | 2016—09 | 38.00 | 658 |
| 他们学什么:英国中学数学课本 | 2016—09 | 38.00 | 659 |
| 他们学什么:法国中学数学课本.1 | 2016—09 | 38.00 | 660 |
| 他们学什么:法国中学数学课本.2 | 2016—09 | 28.00 | 661 |
| 他们学什么:法国中学数学课本.3 | 2016—09 | 38.00 | 662 |
| 他们学什么:苏联中学数学课本 | 2016—09 | 28.00 | 679 |
| 高中数学题典——集合与简易逻辑·函数 | 2016—07 | 48.00 | 647 |
| 高中数学题典——导数 | 2016—07 | 48.00 | 648 |
| 高中数学题典——三角函数·平面向量 | 2016—07 | 48.00 | 649 |
| 高中数学题典——数列 | 2016—07 | 58.00 | 650 |
| 高中数学题典——不等式·推理与证明 | 2016—07 | 38.00 | 651 |
| 高中数学题典——立体几何 | 2016—07 | 48.00 | 652 |
| 高中数学题典——平面解析几何 | 2016—07 | 78.00 | 653 |
| 高中数学题典——计数原理·统计·概率·复数 | 2016—07 | 48.00 | 654 |
| 高中数学题典——算法·平面几何·初等数论·组合数学·其他 | 2016—07 | 68.00 | 655 |

| 书  名 | 出版时间 | 定  价 | 编号 |
|---|---|---|---|
| 台湾地区奥林匹克数学竞赛试题.小学一年级 | 2017—03 | 38.00 | 722 |
| 台湾地区奥林匹克数学竞赛试题.小学二年级 | 2017—03 | 38.00 | 723 |
| 台湾地区奥林匹克数学竞赛试题.小学三年级 | 2017—03 | 38.00 | 724 |
| 台湾地区奥林匹克数学竞赛试题.小学四年级 | 2017—03 | 38.00 | 725 |
| 台湾地区奥林匹克数学竞赛试题.小学五年级 | 2017—03 | 38.00 | 726 |
| 台湾地区奥林匹克数学竞赛试题.小学六年级 | 2017—03 | 38.00 | 727 |
| 台湾地区奥林匹克数学竞赛试题.初中一年级 | 2017—03 | 38.00 | 728 |
| 台湾地区奥林匹克数学竞赛试题.初中二年级 | 2017—03 | 38.00 | 729 |
| 台湾地区奥林匹克数学竞赛试题.初中三年级 | 2017—03 | 28.00 | 730 |
| 不等式证题法 | 2017—04 | 28.00 | 747 |
| 平面几何培优教程 | 2019—08 | 88.00 | 748 |
| 奥数鼎级培优教程.高一分册 | 2018—09 | 88.00 | 749 |
| 奥数鼎级培优教程.高二分册.上 | 2018—04 | 68.00 | 750 |
| 奥数鼎级培优教程.高二分册.下 | 2018—04 | 68.00 | 751 |
| 高中数学竞赛冲刺宝典 | 2019—04 | 68.00 | 883 |
| 初中尖子生数学超级题典.实数 | 2017—07 | 58.00 | 792 |
| 初中尖子生数学超级题典.式、方程与不等式 | 2017—08 | 58.00 | 793 |
| 初中尖子生数学超级题典.圆、面积 | 2017—08 | 38.00 | 794 |
| 初中尖子生数学超级题典.函数、逻辑推理 | 2017—08 | 48.00 | 795 |
| 初中尖子生数学超级题典.角、线段、三角形与多边形 | 2017—07 | 58.00 | 796 |
| 数学王子——高斯 | 2018—01 | 48.00 | 858 |
| 坎坷奇星——阿贝尔 | 2018—01 | 48.00 | 859 |
| 闪烁奇星——伽罗瓦 | 2018—01 | 58.00 | 860 |
| 无穷统帅——康托尔 | 2018—01 | 48.00 | 861 |
| 科学公主——柯瓦列夫斯卡娅 | 2018—01 | 48.00 | 862 |
| 抽象代数之母——埃米·诺特 | 2018—01 | 48.00 | 863 |
| 电脑先驱——图灵 | 2018—01 | 58.00 | 864 |
| 昔日神童——维纳 | 2018—01 | 48.00 | 865 |
| 数坛怪侠——爱尔特希 | 2018—01 | 68.00 | 866 |
| 传奇数学家徐利治 | 2019—09 | 88.00 | 1110 |
| 当代世界中的数学.数学思想与数学基础 | 2019—01 | 38.00 | 892 |
| 当代世界中的数学.数学问题 | 2019—01 | 38.00 | 893 |
| 当代世界中的数学.应用数学与数学应用 | 2019—01 | 38.00 | 894 |
| 当代世界中的数学.数学王国的新疆域(一) | 2019—01 | 38.00 | 895 |
| 当代世界中的数学.数学王国的新疆域(二) | 2019—01 | 38.00 | 896 |
| 当代世界中的数学.数林撷英(一) | 2019—01 | 38.00 | 897 |
| 当代世界中的数学.数林撷英(二) | 2019—01 | 48.00 | 898 |
| 当代世界中的数学.数学之路 | 2019—01 | 38.00 | 899 |

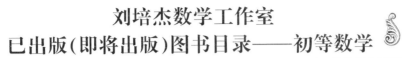

| 书　名 | 出版时间 | 定　价 | 编号 |
|---|---|---|---|
| 105 个代数问题:来自 AwesomeMath 夏季课程 | 2019—02 | 58.00 | 956 |
| 106 个几何问题:来自 AwesomeMath 夏季课程 | 2020—07 | 58.00 | 957 |
| 107 个几何问题:来自 AwesomeMath 全年课程 | 2020—07 | 58.00 | 958 |
| 108 个代数问题:来自 AwesomeMath 全年课程 | 2019—01 | 68.00 | 959 |
| 109 个不等式:来自 AwesomeMath 夏季课程 | 2019—04 | 58.00 | 960 |
| 国际数学奥林匹克中的 110 个几何问题 | 即将出版 | | 961 |
| 111 个代数和数论问题 | 2019—05 | 58.00 | 962 |
| 112 个组合问题:来自 AwesomeMath 夏季课程 | 2019—05 | 58.00 | 963 |
| 113 个几何不等式:来自 AwesomeMath 夏季课程 | 2020—08 | 58.00 | 964 |
| 114 个指数和对数问题:来自 AwesomeMath 夏季课程 | 2019—09 | 48.00 | 965 |
| 115 个三角问题:来自 AwesomeMath 夏季课程 | 2019—09 | 58.00 | 966 |
| 116 个代数不等式:来自 AwesomeMath 全年课程 | 2019—04 | 58.00 | 967 |
| 117 个多项式问题:来自 AwesomeMath 夏季课程 | 2021—09 | 58.00 | 1409 |
| 118 个数学竞赛不等式 | 2022—08 | 78.00 | 1526 |
| 紫色彗星国际数学竞赛试题 | 2019—02 | 58.00 | 999 |
| 数学竞赛中的数学:为数学爱好者、父母、教师和教练准备的丰富资源.第一部 | 2020—04 | 58.00 | 1141 |
| 数学竞赛中的数学:为数学爱好者、父母、教师和教练准备的丰富资源.第二部 | 2020—07 | 48.00 | 1142 |
| 和与积 | 2020—10 | 38.00 | 1219 |
| 数论:概念和问题 | 2020—12 | 68.00 | 1257 |
| 初等数学问题研究 | 2021—03 | 48.00 | 1270 |
| 数学奥林匹克中的欧几里得几何 | 2021—10 | 68.00 | 1413 |
| 数学奥林匹克题解新编 | 2022—01 | 58.00 | 1430 |
| 图论入门 | 2022—09 | 58.00 | 1554 |
| 澳大利亚中学数学竞赛试题及解答(初级卷)1978～1984 | 2019—02 | 28.00 | 1002 |
| 澳大利亚中学数学竞赛试题及解答(初级卷)1985～1991 | 2019—02 | 28.00 | 1003 |
| 澳大利亚中学数学竞赛试题及解答(初级卷)1992～1998 | 2019—02 | 28.00 | 1004 |
| 澳大利亚中学数学竞赛试题及解答(初级卷)1999～2005 | 2019—02 | 28.00 | 1005 |
| 澳大利亚中学数学竞赛试题及解答(中级卷)1978～1984 | 2019—03 | 28.00 | 1006 |
| 澳大利亚中学数学竞赛试题及解答(中级卷)1985～1991 | 2019—03 | 28.00 | 1007 |
| 澳大利亚中学数学竞赛试题及解答(中级卷)1992～1998 | 2019—03 | 28.00 | 1008 |
| 澳大利亚中学数学竞赛试题及解答(中级卷)1999～2005 | 2019—03 | 28.00 | 1009 |
| 澳大利亚中学数学竞赛试题及解答(高级卷)1978～1984 | 2019—05 | 28.00 | 1010 |
| 澳大利亚中学数学竞赛试题及解答(高级卷)1985～1991 | 2019—05 | 28.00 | 1011 |
| 澳大利亚中学数学竞赛试题及解答(高级卷)1992～1998 | 2019—05 | 28.00 | 1012 |
| 澳大利亚中学数学竞赛试题及解答(高级卷)1999～2005 | 2019—05 | 28.00 | 1013 |
| 天才中小学生智力测验题.第一卷 | 2019—03 | 38.00 | 1026 |
| 天才中小学生智力测验题.第二卷 | 2019—03 | 38.00 | 1027 |
| 天才中小学生智力测验题.第三卷 | 2019—03 | 38.00 | 1028 |
| 天才中小学生智力测验题.第四卷 | 2019—03 | 38.00 | 1029 |
| 天才中小学生智力测验题.第五卷 | 2019—03 | 38.00 | 1030 |
| 天才中小学生智力测验题.第六卷 | 2019—03 | 38.00 | 1031 |
| 天才中小学生智力测验题.第七卷 | 2019—03 | 38.00 | 1032 |
| 天才中小学生智力测验题.第八卷 | 2019—03 | 38.00 | 1033 |
| 天才中小学生智力测验题.第九卷 | 2019—03 | 38.00 | 1034 |
| 天才中小学生智力测验题.第十卷 | 2019—03 | 38.00 | 1035 |
| 天才中小学生智力测验题.第十一卷 | 2019—03 | 38.00 | 1036 |
| 天才中小学生智力测验题.第十二卷 | 2019—03 | 38.00 | 1037 |
| 天才中小学生智力测验题.第十三卷 | 2019—03 | 38.00 | 1038 |

# 刘培杰数学工作室
## 已出版(即将出版)图书目录——初等数学

| 书 名 | 出版时间 | 定 价 | 编号 |
|---|---|---|---|
| 重点大学自主招生数学备考全书:函数 | 2020—05 | 48.00 | 1047 |
| 重点大学自主招生数学备考全书:导数 | 2020—08 | 48.00 | 1048 |
| 重点大学自主招生数学备考全书:数列与不等式 | 2019—10 | 78.00 | 1049 |
| 重点大学自主招生数学备考全书:三角函数与平面向量 | 2020—08 | 68.00 | 1050 |
| 重点大学自主招生数学备考全书:平面解析几何 | 2020—07 | 58.00 | 1051 |
| 重点大学自主招生数学备考全书:立体几何与平面几何 | 2019—08 | 48.00 | 1052 |
| 重点大学自主招生数学备考全书:排列组合·概率统计·复数 | 2019—09 | 48.00 | 1053 |
| 重点大学自主招生数学备考全书:初等数论与组合数学 | 2019—08 | 48.00 | 1054 |
| 重点大学自主招生数学备考全书:重点大学自主招生真题.上 | 2019—04 | 68.00 | 1055 |
| 重点大学自主招生数学备考全书:重点大学自主招生真题.下 | 2019—04 | 58.00 | 1056 |
| 高中数学竞赛培训教程:平面几何问题的求解方法与策略.上 | 2018—05 | 68.00 | 906 |
| 高中数学竞赛培训教程:平面几何问题的求解方法与策略.下 | 2018—06 | 78.00 | 907 |
| 高中数学竞赛培训教程:整除与同余以及不定方程 | 2018—01 | 88.00 | 908 |
| 高中数学竞赛培训教程:组合计数与组合极值 | 2018—04 | 48.00 | 909 |
| 高中数学竞赛培训教程:初等代数 | 2019—04 | 78.00 | 1042 |
| 高中数学讲座:数学竞赛基础教程(第一册) | 2019—06 | 48.00 | 1094 |
| 高中数学讲座:数学竞赛基础教程(第二册) | 即将出版 | | 1095 |
| 高中数学讲座:数学竞赛基础教程(第三册) | 即将出版 | | 1096 |
| 高中数学讲座:数学竞赛基础教程(第四册) | 即将出版 | | 1097 |
| 新编中学数学解题方法 1000 招丛书.实数(初中版) | 2022—05 | 58.00 | 1291 |
| 新编中学数学解题方法 1000 招丛书.式(初中版) | 2022—05 | 48.00 | 1292 |
| 新编中学数学解题方法 1000 招丛书.方程与不等式(初中版) | 2021—04 | 58.00 | 1293 |
| 新编中学数学解题方法 1000 招丛书.函数(初中版) | 2022—05 | 38.00 | 1294 |
| 新编中学数学解题方法 1000 招丛书.角(初中版) | 2022—05 | 48.00 | 1295 |
| 新编中学数学解题方法 1000 招丛书.线段(初中版) | 2022—05 | 48.00 | 1296 |
| 新编中学数学解题方法 1000 招丛书.三角形与多边形(初中版) | 2021—04 | 48.00 | 1297 |
| 新编中学数学解题方法 1000 招丛书.圆(初中版) | 2022—05 | 48.00 | 1298 |
| 新编中学数学解题方法 1000 招丛书.面积(初中版) | 2021—07 | 28.00 | 1299 |
| 新编中学数学解题方法 1000 招丛书.逻辑推理(初中版) | 2022—06 | 48.00 | 1300 |
| 高中数学题典精编.第一辑.函数 | 2022—01 | 58.00 | 1444 |
| 高中数学题典精编.第一辑.导数 | 2022—01 | 68.00 | 1445 |
| 高中数学题典精编.第一辑.三角函数·平面向量 | 2022—01 | 68.00 | 1446 |
| 高中数学题典精编.第一辑.数列 | 2022—01 | 58.00 | 1447 |
| 高中数学题典精编.第一辑.不等式·推理与证明 | 2022—01 | 58.00 | 1448 |
| 高中数学题典精编.第一辑.立体几何 | 2022—01 | 58.00 | 1449 |
| 高中数学题典精编.第一辑.平面解析几何 | 2022—01 | 68.00 | 1450 |
| 高中数学题典精编.第一辑.统计·概率·平面几何 | 2022—01 | 58.00 | 1451 |
| 高中数学题典精编.第一辑.初等数论·组合数学·数学文化·解题方法 | 2022—01 | 58.00 | 1452 |
| 历届全国初中数学竞赛试题分类解析.初等代数 | 2022—09 | 98.00 | 1555 |
| 历届全国初中数学竞赛试题分类解析.初等数论 | 2022—09 | 48.00 | 1556 |
| 历届全国初中数学竞赛试题分类解析.平面几何 | 2022—09 | 38.00 | 1557 |
| 历届全国初中数学竞赛试题分类解析.组合 | 2022—09 | 38.00 | 1558 |

**联系地址:**哈尔滨市南岗区复华四道街 10 号 哈尔滨工业大学出版社刘培杰数学工作室

网　　址:http://lpj.hit.edu.cn/

邮　　编:150006

**联系电话:**0451—86281378　　13904613167

E-mail:lpj1378@163.com